内蒙古城镇 风貌特色研究

调查·分析

李冰峰 郭丽霞 编

中国建筑工业出版社

前言

习近平总书记在2013年中央城镇化工作会议上提出："城镇建设……要体现尊重自然、顺应自然、天人合一的理念，依托现有山水脉络等独特风光，让城市融入大自然，让居民望得见山、看得见水、记得住乡愁。"习近平总书记口中的"乡愁"，即城市和乡村的特色风貌，而这些特色已经在城镇化快速发展过程中渐渐消失，而无法再现。

城镇风貌中的"风"即格调，是城市社会人文取向的软件系统的概括，是城市人文内涵在城市物质形态上的综合表现；"貌"是面貌，是城市总体环境硬件特征的综合表现，是城市自然和人工形态下的物理形体和空间，是"风"的载体。"风"和"貌"相辅相成，有机结合，共同依附于特定城镇的特定自然、人文条件，呈现个性化的表现，则形成了该城镇的风貌特色。

就城市规划设计和管理工作而言，一般认为，城镇风貌系统构成要素包含自然生态景观风貌、历史文化景观风貌、空间形态景观风貌三种类型。本书调研正是依据这一分类构成了三个子系统，从而进行展开；自然生态景观风貌子系统包括的要素有自然地形地貌、水体水系、自然植被等；历史文化景观风貌子系统包括的要素有生活行为、地方习俗、民族艺术、乡土建筑、历史遗址和古代建筑等；空间形态景观风貌子系统包括的要素有：城镇的选址与朝向、内部空间结构、交通与视觉廊道、城镇天际线、特色街区、公园与广场、城镇入口、重要节点以及建筑形态等。

以上各类构成要素中，自然生态要素是城镇风貌的"底"，对特色的形成有着主导性的作用；历史文化景观要素是城镇风貌的"根"，对特色的形成有着指向性的作用。内蒙古自治区地域广阔，自然环境、文化风俗都有着较为明显的地域差异性，这是本书风貌区划分的基本依据，同时，考虑到为了利于地方主管部门开展相关研究和规划实践，本次研究最终按照盟市行政区划划分风貌区，加上两个单列市——满洲里市、二连市和一个特色市——阿尔山市，共划分为十五个风貌区。

本书为课题"内蒙古自治区城镇风貌特色研究"的上篇——现状基础资料的调查和分析，

其内容是对内蒙古城镇风貌系统所包含的构成要素进行分类调研、整理、归纳、总结。它不仅为下篇——风貌规划研究提供依据，也为各地方主管部门的管理和实践提供较为全面的基础资料，因此，具有一定的独立性，自成体系，独立出版。需要说明的是，本书研究的方法主要为文献搜集、实地调研和归纳整理，资料的全面性难免会有缺失；以行政区来划分特色区，各盟市特色会存在一定的共性。

本项目由内蒙古住房和城乡建设厅规划处组织实施，由内蒙古工大建筑设计有限责任公司和内蒙古工业大学建筑学院组成的课题组合作完成。在调研和编写的过程中，得到了各相关部门的大力支持，并提供了大量珍贵详实的资料。本书中所采用的照片部分来自于《内蒙古城乡巨变展览》中各盟市所提供的展览图片，个别照片的作者姓名不详，在此，对所有照片的作者表示感谢。同时，感谢各盟市地方规划和建设主管部门的支持和配合；也要感谢课题组成员的努力和付出。课题组成员分工如下：

课题负责人：张鹏举、荣丽华。

联合主编：李冰峰、郭丽霞。

编撰工作组人员：郭丽霞负责第 1 章、第 2 章、第 4 章、第 7 章、第 9 章、第 10 章、第 11 章;李冰峰负责第 3 章、第 5 章、第 6 章、第 8 章、第 12 章、第 14 章、第 15 章；司洋负责第 13 章、第 16 章；其他参与编撰人员有：张立恒、王强、王璐、张新敏、和迎春、杨蔚林、李慧娴、马新宇、任伟阳、贾泽南、贾宇迪、王倩英、陆雨。

调研工作组人员：郭丽霞、李冰峰、司洋、王璐、张新敏、和迎春、杨蔚林、李慧娴、刘继东。

目录

第 1 章 内蒙古自治区城镇概况

图 1-1　呼和浩特市新城区大青山前坡呼和塔拉会议中心、萨仁湖

内蒙古自治区位于中国北部边疆，由东北向西南斜伸，呈狭长形，东西直线距离 2400 公里，南北跨度约 1700 公里，横跨我国东北、华北、西北三大片区。东南西与 8 省区毗邻，北与俄罗斯、蒙古国接壤，国境线长 4200 公里。自治区土地总面积 118.3 万平方公里，占全国总面积的 12.3%，在全国各省、市、自治区中名列第三位。

1.1 自然生态

内蒙古自治区地貌类型以高原为主，全区高原面积占总面积的 53.4%，山地占 20.9%，丘陵占 16.4%，河流、湖泊、水库等地表水面面积占 0.8%。由东向西，依次为呼伦贝尔高平原、锡林郭勒高平原、巴彦淖尔——阿拉善及鄂尔多斯高平原组，平均海拔 1000 米左右，最高点是阿拉善盟与宁夏交界处的贺兰山主峰，海拔 3556 米。高原四周分布着大兴安岭、阴山、贺兰山三大山脉。沿大兴安岭的东麓、阴山脚下和黄河岸边，分布着嫩江西岸平原、西辽河平原、土默川平原、河套平原及黄河南岸平原。山地向高平原、平原的交接地带分布着黄土丘陵和石质丘陵，间有低山、谷地和盆地分布。

图 1-2 内蒙古自治区生态条件现状示意图

内蒙古自治区地处欧亚大陆内部，大部分地区受东亚季风影响，属于温带大陆性气候，冬季寒冷漫长，夏季温热短促，冬季平均温度在 -15 ~ -3.5℃之间。全区冬季极端最低气

温 -50 ~ -26℃之间，大部分地区冬季长达 5 个月以上。大兴安岭山地、锡林郭勒盟南部和大青山北麓长冬无夏、春秋相连。与之相适应的植被由东南向西北逐渐过渡，东部大兴安岭以森林植被为主；中部阴山山脉及西部贺兰山兼有森林、草原植物和草甸、沼泽植物；高平原和平原地区则以草原与荒漠旱生型植物为主。草原植被作为主体类型，由东北的松辽平原，经大兴安岭南部山地和内蒙古高原到阴山山脉以南的鄂尔多斯高原与黄土高原，组成一个连续的整体，包括呼伦贝尔草原、锡林郭勒草原、乌兰察布草原、鄂尔多斯草原等。

图 1-3　内蒙古自治区自然地貌类型

森林、草原、湿地、荒漠等植被类型与分布在大草原的数千条河流和近千个湖泊共同构成了城乡建设的自然生态环境基底。“望山见水”的良好自然条件往往成为城市风貌景观营造的重要基础，与草原城镇松散的空间布局特征共同构成内蒙古自治区城镇风貌的自然景观格局。

1.2 文化构成

1.2.1 民族文化

内蒙古自治区目前有 49 个民族。其中，人口在 100 万以上的有汉族、蒙古族；人口 10 万以上的有蒙古族、汉族、回族、满族；人口 1 万以上的有朝鲜族、达斡尔族、鄂温克族；人口 1000 人以上的有壮族、锡伯族、俄罗斯族、鄂伦春族；人口 1000 人以下的有藏族、苗族、维吾尔族等。

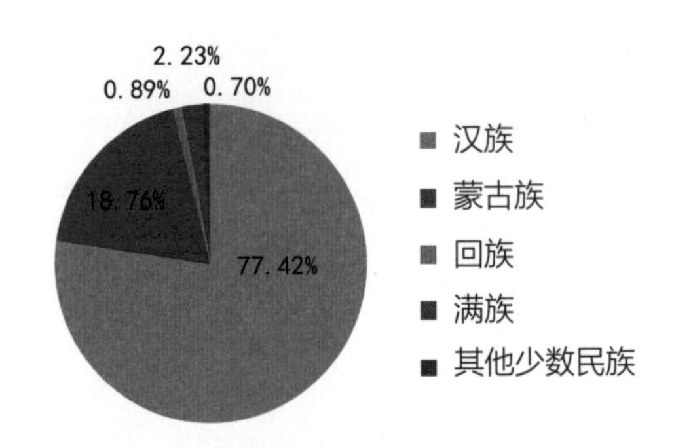

图 1-4　内蒙古自治区民族构成

蒙古族作为主体少数民族，人口约 457.77 万，占全区总人口的 18.76%；汉族人口 1889.65 万人，占全区总人口的 77.42%；回族人口 21.70 万人，占全区总人口的 0.89%；满族人口 54.49 万人，占全区总人口的 2.23%；其他少数民族人口共计 17.18 万人，占全区总人口的 0.70%。

各民族在长期的历史发展过程中，形成了各具特色、丰富多彩的文化特征。从东到西分别有：东部林区的鄂温克驯鹿文化、典型草原形成的蒙古族游牧文化、大盛魁的行商文化、西部阿拉善的骆驼文化等。

各民族文化形成过程中，既传承与保留着原有的文化特征，又与其他民族文化相互吸纳和结合，形成了极具地域特色的多民族融合的文化类型，并反映在城镇建设中的建筑风貌、雕塑小品和餐饮服饰等物质形式中，或以城市节庆活动、民俗节庆、歌舞艺术等非物质形式进行传承与表现。

图 1-5　呼和浩特塞上老街传统商业建筑

图 1-6　满洲里俄式传统民居

图 1-7　城市雕塑

1.2.2 历史文化

自治区历史文化悠久，积淀深厚，文化遗存丰富，全区目前共有文化遗址 2.1 万处，如“大窑文化遗址”、“红山文化遗址”等古文化遗址，反映了内蒙古地区的悠久的人类活动发展历史。赤峰市“二道井子文化遗址”、阿拉善盟的“黑城遗址”、锡林郭勒盟正蓝旗“元上都遗址”、阿拉善左旗的“定远营”等则展现了内蒙古地区不同时期城镇建设的发展历史。

图 1-8　元上都遗址

其中，“元上都”是北方游牧民族在世界上保存最为完好、规划最大的城市遗址。遗址以宫殿为核心，呈分层、放射状分布，城市空间格局方面呈现汉式中轴对称与蒙古族的自由布局相结合的形式；城市景观方面为汉式三重城与蒙式草原风光并存；在宫殿建筑方面——

汉式大理石宫殿与蒙古式的失剌斡耳朵（蒙古汗的夏季帐殿）并存；在道路系统方面——汉式棋盘式路网与蒙式无定规道路并存，呈现着独特的“二元城市文化”，见证了游牧文化与中原汉文化在内蒙古地区的交织融合。

目前，自治区现有国家级历史文化名城呼和浩特市、国家级历史文化名镇4座，自治区级历史文化名镇6座。全国重点文物保护单位133处，自治区文物保护单位302处、县（旗）文物保护单位387处。

表1-1 内蒙古自治区国家级/自治区级历史文化名城、镇

级别	名称	所属盟市
国家级历史文化名城	呼和浩特市	呼和浩特市
国家级历史文化名镇	喀喇沁旗王爷府镇	赤峰市
	多伦县多伦淖尔镇	锡林郭勒盟
	丰镇市隆盛庄镇	乌兰察布市
	库伦旗库伦镇	通辽市
自治区级历史文化名镇	牙克石市博克图镇	呼伦贝尔市
	正蓝旗上都镇	锡林郭勒盟
	敖汉旗四家子镇	赤峰市
	科尔沁左翼中旗花吐古拉镇	通辽市
	开鲁县开鲁镇	通辽市
	科尔沁左翼后旗吉尔嘎朗镇	通辽市

1.2.3 宗教文化

内蒙古自治区宗教信仰丰富，拥有广大信众，包括7种宗教，即喇嘛教（藏传佛教）、伊斯兰教、天主教、基督教、汉传佛教、道教以及东正教。在各民族中，信奉伊斯兰教的主要是回族，少数为维吾尔族、哈萨克族和柯尔克孜族；信奉天主教和汉传佛教的民族主要是汉族；信奉东正教的主要是俄罗斯族；藏传佛教的主要信奉群体是蒙古族和藏族群众。内蒙古自治区境内现存的著名藏传佛教寺庙如呼和浩特市的大召、席力图召，包头市的五当召、美岱召、梅力更庙，锡林郭勒盟的贝子庙，阿拉善盟的南北寺等。

内蒙古地区非物质文化遗产同样丰富而独特，其中蒙古族长调民歌和呼麦已被列为世界非物质文化遗产，另有63个项目入选国务院公布的国家级非物质文化遗产名录，有26人入选国家级非物质文化遗产名录项目代表性传承人。

图 1-9　宗教建筑

1.3 历史沿革与行政区划

1.3.1 历史沿革

内蒙古地区是中华民族文化的历史摇篮，也是古代中国北方少数民族长期生息繁衍的地方。据有关文献记载，古代曾在这里活动过的主要游牧部族有匈奴、鲜卑、突厥、契丹、女真等。12 世纪时，铁木真统一蒙古高原各部后，建立了游牧贵族政权“蒙古汗国”，被尊为成吉思汗。

1256 年，忽必烈于桓州城东、滦水北岸的龙冈相地建城，命名为开平。1263 年，升为都城，

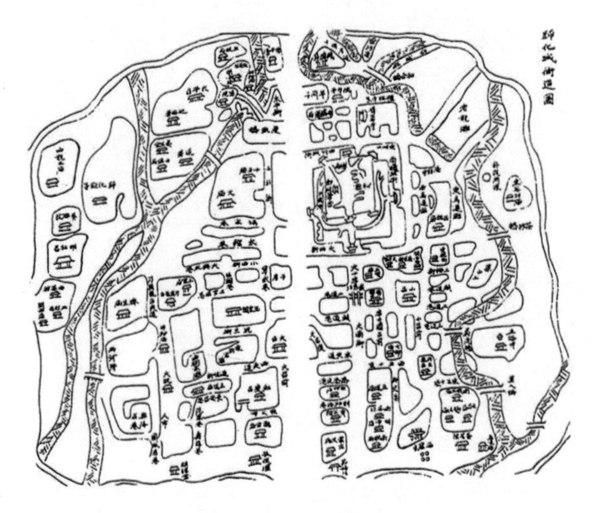

图 1-10　归化城街道布局

定名上都，位于现锡林郭勒盟正蓝旗境内。

15 世纪下半叶，土默特部首领阿拉坦汗曾一度控制了整个内蒙古西部，与明王朝建立了较密切的政治经济关系，在土默川一带兴建了草原“大板升”库库和屯（今呼和浩特市旧城）。

至清朝，蒙古地区处于统一的中央王朝统治之下，各地区、各民族之间的政治、经济、文化交流日渐密切，北方游牧民族传统的生产和生活方式受汉文化影响渐深。自治区部分城镇以庙宇或王府等为核心逐渐发育形成，如呼和浩特、多伦诺尔、库伦等城镇，至今保留着完整的历史建筑群，城市空间格局与街道布局等均保留着全部或部分的历史肌理。

1840 年鸦片战争以后，中国开始沦为半殖民地半封建社会。偏居中国北疆的内蒙古地区，也成了帝国主义列强争夺的重点地区。在反抗剥削压迫的斗争中，内蒙古成为中国新民主主义革命的地区之一。1947 年，内蒙古人民代表会议在王爷庙（今乌兰浩特市）召开，成为全国第一个实现民族区域自治的地区。因此，近现代的战争遗迹成为内蒙古诸多城镇的重要历史与文化构成部分，并在现代城市建设中，以各类革命纪念活动，或公园、纪念碑、雕塑以及历史建筑等实物形态和非实物形式成为城镇风貌的重要节点。如呼伦贝尔市和兴安盟的城镇中仍保留了一部分日本侵略时期的建筑及工事。

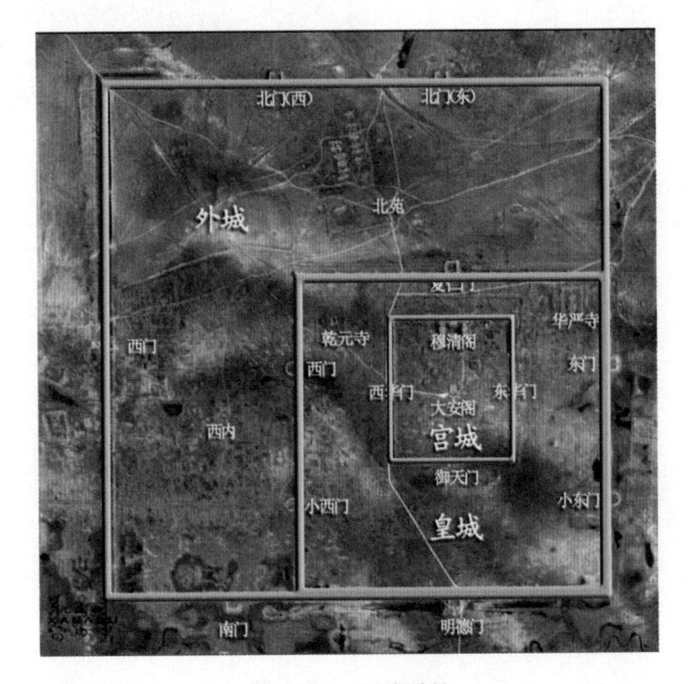

图 1-11　元上都遗址

图 1-12　阿尔山市将军浴

图 1-13　海拉尔世界反法西斯纪念园

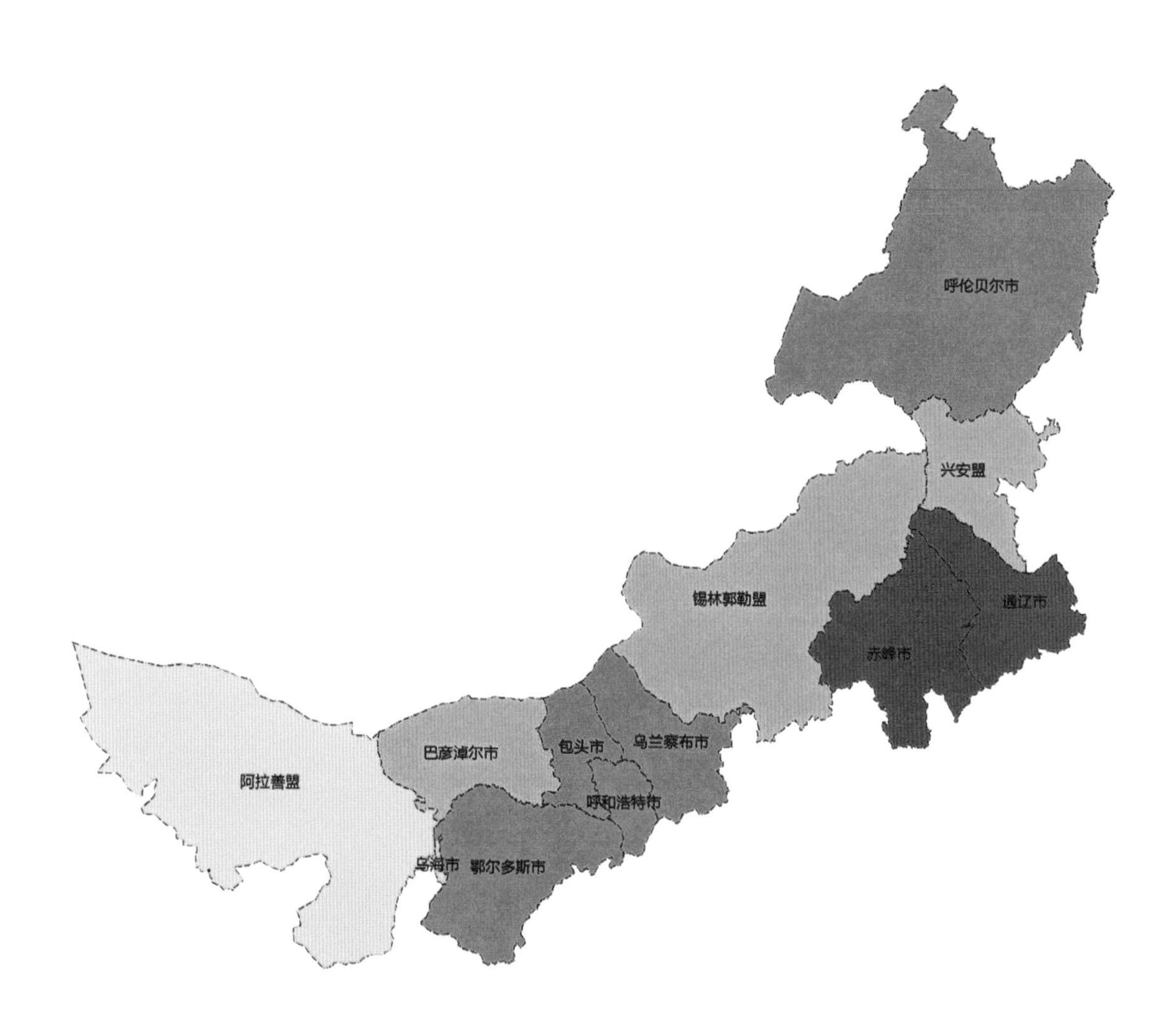

图 1-14　内蒙古自治区盟市域行政区划示意图

1.3.2 行政区划

内蒙古自治区现辖呼和浩特、包头、鄂尔多斯、赤峰、通辽、乌海、巴彦淖尔、乌兰察布、呼伦贝尔 9 个地级市，锡林郭勒、兴安、阿拉善 3 个盟（合计 12 个地级行政区划单位）；23 个市辖区、11 个县级市、17 个县、49 个旗、3 个自治旗（合计 103 个县级行政区划单位）。

表 1-2　内蒙古自治区行政区划

盟市名称	旗县区名称
呼和浩特市	新城区、赛罕区、回民区、玉泉区、土默特左旗、和林格尔县、托克托县、武川县 、清水河县
包头市	昆都仑区、青山区、东河区、石拐区、白云鄂博矿区、九原区、土默特右旗、达尔罕茂明安联合旗、固阳县
鄂尔多斯市	东胜区、康巴什区、达拉特旗、准格尔旗、鄂托克前旗、鄂托克旗、杭锦旗、乌审旗、伊金霍洛旗
赤峰市	松山区、红山区、元宝山区、阿鲁科尔沁旗、巴林左旗、巴林右旗、林西县、克什克腾旗、翁牛特旗、喀喇沁旗、宁城县、敖汉旗
通辽市	科尔沁区、霍林郭勒市、科尔沁左翼中旗、科尔沁左翼后旗、库伦旗、奈曼旗、扎鲁特旗、开鲁县
乌海市	乌达区、海南区、海勃湾区
巴彦淖尔市	临河区、五原县、磴口县、乌拉特前旗、乌拉特中旗、乌拉特后旗、杭锦后旗
乌兰察布市	集宁区、丰镇市、卓资县、商都县、化德县、兴和县、凉城县、察哈尔右翼前旗、察哈尔右翼中旗、察哈尔右翼后旗、四子王旗
呼伦贝尔市	海拉尔区、满洲里市、扎赉诺尔区、扎兰屯市、牙克石市、额尔古纳市、根河市、阿荣旗、莫力达瓦达斡尔族自治旗、鄂伦春自治旗、鄂温克族自治旗、新巴尔虎左旗、新巴尔虎右旗、陈巴尔虎旗
锡林郭勒盟	锡林浩特市、二连浩特市、多伦县、阿巴嘎旗、苏尼特左旗、苏尼特右旗、东乌珠穆沁旗、西乌珠穆沁旗、太仆寺旗、镶黄旗、正镶白旗、正蓝旗
兴安盟	乌兰浩特市、阿尔山市、科尔沁右翼前旗、科尔沁右翼中旗、扎赉特旗、突泉县
阿拉善盟	阿拉善左旗、阿拉善右旗、额济纳旗

1.4 城市（镇）风貌体系

1.4.1 内蒙古自治区城镇风貌体系

本次城镇风貌特色研究的对象以自治区所属 12 个盟市中心城（镇）区为主体，将满洲里市、二连浩特市、阿尔山市三个特色明显的城市单独成章进行研究，而对多伦淖尔镇、隆盛庄镇、王爷府镇、库伦镇等四个国家级历史文化名镇进行重点研究。

内蒙古自治区城镇风貌系统共包含三个方面的主要内容，即：自然生态风貌子系统、历史文化风貌子系统、城市空间形态风貌子系统。

城市自然生态景观子系统主要为城市周边及内部的自然环境，诸如山、水、林、田、沙、园等山水环境要素；城市历史文化景观子系统主要包括历史演进、民俗节庆、民族文化等要素；城市空间形态子系统主要包括城市整体空间格局、城市天际线、景观轴线、开敞空间、历史街区、城市色彩、夜景亮化、雕塑小品、建筑形态等要素；三个子系统共同构成了研究自治区城市风貌的基本框架。如图 1-16 所示：

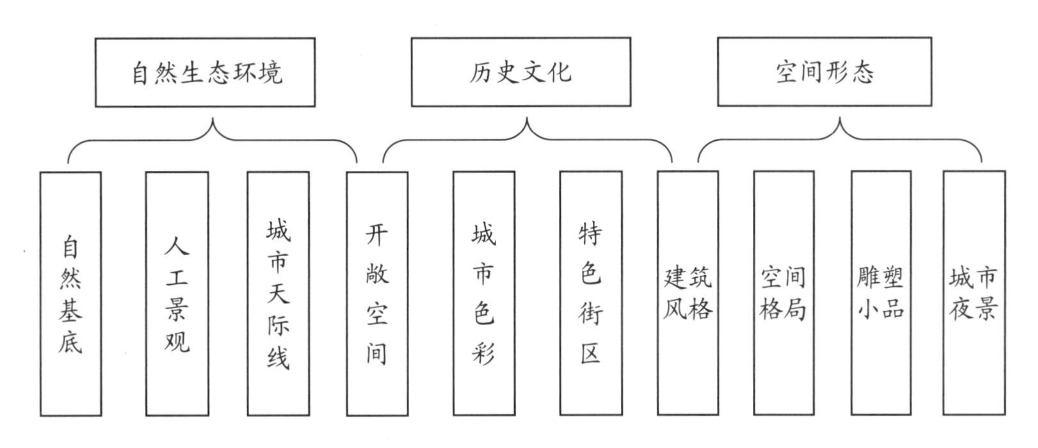

图 1-15　内蒙古自治区城镇风貌系统框架

1.4.2 内蒙古自治区城镇风貌特征概述

内蒙古地区自然地貌类型丰富多样，大兴安岭、阴山、贺兰山三大山脉横贯境内，除个别地处平原中心的城市外，多数城市的“显山露水”条件较好：自然景观风貌往往以绵延的山脉为背景，地势或平坦或起伏；较为丰富的水系条件也为城市的景观轴线与节点构建创造了良好的条件。以北方游牧文化为核心的少数民族文化、汉族农耕文化、异域文化等不同文化类型相互影响与融合，构建了内蒙古地区丰富而独特的文化特征，与悠久的人类活动遗迹和古老的城市遗址构成了城镇历史文化的重要特征，并与现代化的城市建设共同营造出内蒙古新兴的草原城镇特色风貌。

表 1-3　内蒙古自治区 15 个城市风貌特征概述

城镇	自然景观风貌特征	历史文化景观风貌特征	城市空间形态风貌特征
“千载青城”——呼和浩特市风貌区	“青山黛水” 以大青山与大小黑河等水系共同构成城市风貌的自然基底环境、打造景观风貌轴线与节点	“古都名城” 内蒙古地区的中心城市，悠久的历史文化中兼有不同民族、不同地域文化的融合。特色突出、类型丰富	“青城新韵” 归绥两城奠定了城市基本格局，城区沿主要道路轴线延伸，历史的脉络顺应时代变更，形成古韵尚存的新兴草原首府之城
“草原钢城”——包头市风貌区	“山水夹城” 城市背负高山，面朝江河，多条水系穿越城区，绿意点缀，自然与人工的有机结合形成城市优良的环境基底	“多彩鹿城” 多元融合的文化特质以舒朗的草原文化为基础，兼具工业文化、移民文化、宗教文化和阴山文化的多重个性文化特质	“钢城新貌” 随着历史的变迁，形成以工业发展为脉络的工业城市格局，沿袭旧有的城市空间形态，把“山、河、绿”等城市空间元素引入城市
“民族摇篮”——呼伦贝尔市风貌区	“塞外桃源” 森林、草原、河流、湿地交错构成自然背景。中心城区“三山环抱，二水中流”的自然本底中，有如旷原绿野中的塞外桃源	“民族摇篮” 以其丰饶的自然资源孕育了中国北方诸多的游牧民族，成为中国北方游牧民族成长的“历史摇篮”	“古城新韵” 通过融合大“山水”的生态环境、挖掘地域文化特色、建设别具风情的城市建筑、历史街区、空间节点、重点片区等风貌展示空间

续表

城镇	自然景观 风貌特征	历史文化景观 风貌特征	城市空间形态 风貌特征
“北疆沃土”——兴安盟风貌区	“绵延兴安、绿色净土” 优越的山水环境成为自然本底。在显山露水的风貌前提下，使其与人工景观有机结合，形成了城市风貌良好的生态本底	“圣山成庙、红流涌动” 以蒙东红色文化为根本，以成吉思汗庙为名片，依托多元文化融合的历史脉络，兼具民族文化、历史文化、红色文化、宗教文化和现代科技文化的多重个性文化特质	“山水相依、城林交融” 顺应“群山环绕、二龙戏珠”的风水格局与塞外红城的风貌基调，发挥自然环境所赋予的先天禀赋，为城市风貌建设的发展演进塑造良好的城市空间结构基础
“草原明珠”——通辽市风貌区	“草茂水美” 以“草、水”为主的自然格局为城市发展奠定了疏朗、开阔的自然基底，水系蜿蜒，绿廊环绕，为城市风貌的形成提供了良好的自然生态本底	“古韵延绵” 其他文化和蒙元文化相互交融，展现出浓厚的地域民族文化优势。同时，作为宗教名城，蒙古族的传统文化、藏传佛教文化、现代科技文化等共同构成独具风格的文化特质	“城景相依” 城市建设与周边生态环境相互穿插、交融，形成现有的城市空间结构。城市中古韵与新生并济，传统与现代齐鸣，共同碰撞出灿烂的火花
“天堂草原”—— 锡林郭勒盟风貌区	“多样草原” “城”立于锡林郭勒大草原之上，锡林河等河流之间，自然与人工有机结合，形成了城市风貌良好的生态自然环境	“游牧圣地” 锡林郭勒悠久而丰富的马文化特质，以开阔的北方游牧文化为基础，塑造了中国马都的文化特色	“草原新都” 历经千年的发展变迁，城市内的贝子庙空间格局记载了城市的历史文化，亦成为体现城市特色风貌的重要载体，与现代产业文明形成了古今辉映的城市风貌
“古道新驿 ”——乌兰察布市风貌区	“望山见水” 依托“三山两河”的天然优势、大力实施的绿化工程，造就了“玄武岩上美丽园林城市”	“承古开今” 悠远的古文化传承、“察哈尔文化”等地域源生文化与“西口文化”等外来文化相互影响、融合	“古道新驿” 草原丝绸之路、欧亚茶驼之道的古老驿站，基于良好的区位优势，紧抓时代发展机遇，大力改造城市建设环境，重塑城市风貌

续表

城镇	自然景观风貌特征	历史文化景观风貌特征	城市空间形态风貌特征
“天骄圣地”——鄂尔多斯市风貌区	“城绿相融” 以丰富的水系与起伏的地势为基底，以自然山水之势配合精细的绿化工程，营造出优良的自然景观风貌，助力城市发展	“天骄圣地” 城市文化形象定位清晰明确，以蒙古源流为核心的文化特征反映在建筑风貌与城市雕塑小品上，特色鲜明突出。羊绒等特色产业文化更是向世界展示形象的重要城市名片	“圣韵新城” “一城双核、一轴两带多组团”的空间格局、时尚现代的草原新城形象，是鄂尔多斯城市发展的独特风貌特征，高标准的城市建设打造了现代化的草原宜居新城
“塞上江南 ”——巴彦淖尔市风貌区	“湖渠交织” 河套平原上众多水渠、湖泊等水系构成城市中良好的生态环境基底，并依此形成完整的人工景观	“敕勒米粱川” 城市中农耕文化与游牧文化相互交融，形成独具特色的河套文化，凸显地域特色。多民族、多宗教文化优势尽现	“塞外水中城” 以滨水景观带为基底，呼应各交通干道，形成“五横四纵，九处节点，五个片区”的城市风貌格局，体现“塞外江南”的特殊生态城市形态
“大漠湖城”——乌海市风貌区	“环山环水” 充分利用现有的山、水、沙的景观元素，进行城市开放空间、绿色空间的建设，乌海正成为大漠中的“湖城”，从此由“沙”变“绿”	“古今相映” 以蒙古族文化与汉文化的交融为背景，以移民文化为主导，近现代的煤矿移民文化、书法文化等正绘制着多元包容的文化画卷	“山水之城” 依靠“三山夹两谷、三城倚平湖”的城市与自然要素一体化新格局，形成了乌海独一无二的“沙、湖、山、城”共存的生态城市景观
“苍天圣地”——阿拉善盟风貌区	“巍巍贺兰” 城市形成“东望贺兰，北依营盘，南临三河、西揽鹿圈”的格局，倚山筑城，自然与人工有机结合，营造了城镇风貌良好的生态本底	“王府营盘” 以定远营古城为根本，依托多元文化大融合的历史脉络，兼具民族文化、宗教文化和现代科技文化的多重个性文化特质	“大漠驼乡” 骆驼是当地最具特色的文化符号之一，骆驼坚韧不拔的品质也成为体现城镇特色风貌的重要载体，使之呈现出空前壮阔的沙漠绿洲城镇风貌

续表

城镇	自然景观风貌特征	历史文化景观风貌特征	城市空间形态风貌特征
“东亚之窗”——满洲里市风貌区	“湿地草原” 草原与湿地是城市构建自然景观风貌的基底环境，为打造城市公园绿地与景观节点提供基础	“异域风情” 游牧文化、关东文化、红色文化与异域文化在城市中相互融合，建筑形式、民俗节庆等均有着边境城市特有的文化异质性，异域风情浓厚	“魅力边城” 中俄边境上的小城，以中东铁路为发展起源，利用区位优势打造特色产业。城市风貌塑造整体性强、城市形象鲜明、可识别性较强
“北疆之门”——二连浩特市风貌区	“恐龙之乡” 恐龙之乡的美誉体现了悠远沧桑的自然环境，以荒漠草原为背景，塑造了城市的苍劲之感，仿佛独立于天地之间	“千年古道” 历经千年的驿站遗迹，使我们感受到了远古时代的历史气息。而当前，在与蒙古、俄罗斯开展的密切的贸易往来之中，也能够体会到蒙古和俄罗斯民族的文化传统	“现代口岸” 当代的 “欧亚大陆桥、现代买卖城”，继承了千年古商道的历史传统，并以全新的现代都市形象矗立在广阔草原大地之上，体现出现代国际口岸城市的特色风貌
“林海雪原”——阿尔山市风貌区	“山水环抱” 城市位于山岭之间，沿水而居，碧波荡漾，鸟语花香，自然与人工的有机结合构建了城市风貌良好的环境基底	“圣泉林俗” 丰富多元的文化特质与自然资源，使得其以重点发展特色旅游产业的方式融入并带动小城市的发展建设，成为阿尔山市独具魅力的文化名片	“风情小城” 城市发展建设秉承塑造我国北方靓丽旅游、休闲、度假小城市的建设初衷，将原有的城市风貌与空间格局贯彻到底并发展创新，成为代表特色旅游小城市城市风貌建设的典型范例

第 2 章 “千载青城”——呼和浩特市风貌区

图 2-1 呼和浩特市东河新貌

2.1 呼和浩特市风貌区概况

呼和浩特建城历史可追溯至2300多年前的战国时期。1572年（明朝隆庆六年），蒙古土默特部阿拉坦汗与明朝“通贡互市”建立友好关系，并在这里修建城池，命名为“归化”，蒙古族人民称为“库库和屯”（即“呼和浩特”），成为现代呼和浩特市的雏形。1954年呼和浩特被确定为内蒙古自治区首府。

图2-2　呼和浩特市区位示意图

呼和浩特市市域面积为17224平方公里，辖4个区（新城、回民、玉泉、赛罕）、1个旗（土默特左旗）、4个县（托克托、和林格尔、清水河、武川）、1个国家级经济技术开发区（包括如意、金川两个园区）、1个国家级高新技术开发区（金山）。市区总面积2176.7平方公里。

呼和浩特总常住人口为308.9万人，市区常住人口210万人。

图2-3　呼和浩特市大召、席力图召全景

呼和浩特意为“青色的城”，明时建城之初，城墙用青砖砌成，远望一片青色，因此而得名，故又称“青城”。

作为华夏文明发源地之一，呼和浩特地区物质与非物质文化遗存丰富，并于 1986 年入选全国第二批历史文化名城。在现代城镇化进程中，呼和浩特是呼包鄂城市群的中心城市，同时，作为北京向西部地区辐射、转移推进过程中的第一个首府城市，肩负华北与西部联系的承东启西桥头堡作用，也是中国面向蒙古国重要的沿边开放中心城市。

2.2 呼和浩特市城市风貌系统构成

呼和浩特市城市风貌系统包括自然生态景观风貌子系统、历史文化景观风貌子系统、空间形态景观风貌子系统。

2.2.1 自然生态景观风貌子系统——青山黛水

呼和浩特市依山而建，伴水而居。境内主要分为两大地貌单元，即：北部大青山和东南部蛮汉山山地地形、南部及西南部土默川平原地形。地势由东北向西南逐渐倾斜。大青山为阴山山脉中段，生成很多纵向的山脉山峰，由西向东主要山峰有九峰山、金銮殿山、蟠龙山、虎头山等，东南部是蛮汉山，森林、灌木、草原覆盖良好，形成了呼和浩特市城市风貌的重要山体背景。境内流经有大黑河、小黑河、浑河、什拉乌素河等。小黑河沿城南东西向穿行而过，与南北向的乌素图沟、扎达盖河、哈拉沁沟共同形成了呼和浩特市的环城生态水系和景观廊道。湖泊主要是哈素海、哈拉沁水库。城市以北的大青山野马图国家森林公园、呼和塔拉草原等自然景观与南湖湿地公园、成吉思汗公园等人工景观相互配合呼应，共同构建了呼和浩特市良好的自然风貌基底环境，形成了草原城市典型的疏朗、大气的自然景观特征。

图 2-4　大青山野马图国家森林公园

图 2-5　呼和塔拉草原万亩草场

呼和塔拉草原，蒙古语翻译为“青色的草原”，是距离呼和浩特最近的草原，经逐步生态修复后，目前占地面积约为692.6万平方米。全国最大的蒙古包——呼和塔拉会议中心民族风情浓郁，以巍巍青山为背景，与周边的草原相互融合辉映，展现了草原城市独特的风貌特征。

图 2-6　呼和塔拉会议中心

图 2-7　环城水系小黑河景观

2.2.2 历史文化景观风貌子系统——古都名城

呼和浩特市始建于战国时期（公元前 475~ 前 221 年）赵国云中郡的云中古城，城址在今托克托县。秦汉时期沿用云中城，汉又建成乐等 23 县城。北魏时期（公元前 220~581 年）建盛乐城，为北魏早期“代”政权的北都，城址位于和林格尔县上土城子村。隋唐时期（公元 581~907 年）建金河县、单于都护府、受降城、振武城。辽金元时（公元 907~1368 年）建丰州城，城址位于呼和浩特东郊白塔村。明后期建归化城，清代建绥远城（1368~1911 年）。自此，归绥两城奠定了近代城市的基础格局。民国时期 1928 年，归化城、绥远城合并，称归绥县；1954 年蒙绥合并，更名为呼和浩特。

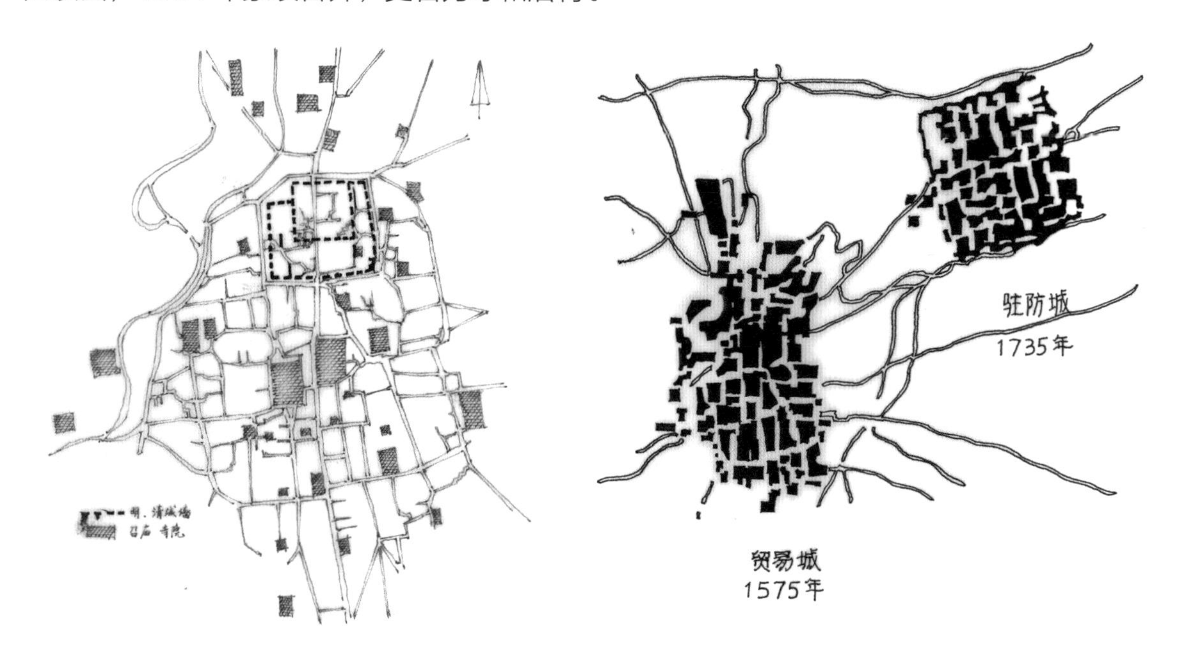

图 2-8　明、清归化城（旧城）的发展及召庙分布示意图

图 2-9　归化、绥远双城格局

归化城于明隆庆六年（1572 年）起造，以军事防御目的为主；清乾隆二年（1737 年），在距归化城东北部 2.5 公里处建绥远城，奠定了双城并置的历史格局；民国时期，随着平绥铁路开通，呼和浩特市火车站附近形成人口聚集区，城市开始围绕旧城、新城和火车站及其周围延伸的主要道路进行发展扩张。

呼和浩特市地理区位条件优越，自古以来为重要军事要塞和兵家必争之地，亦是北方地区华夏文明的重要起源地之一。不同历史时期的北方游牧文化与农耕文化的交织与融合；蒙元文化、伊斯兰文化与汉文化不断传承与发展；现代文明与古老传统相互碰撞，使得呼和浩特市的文化景观呈现多元化的丰富形态。市区范围有着大窑文化遗址、长城遗址、云中古城、昭君墓、万部华严经塔、将军衙署、公主府等文物古迹，大召、席力图召、乌素图召等诸多召庙、寺院，以及清真寺、道观及天主教堂等众多历史遗存。

图 2-10 归化城老照片

图 2-11 西乌素图召

呼和浩特地区为明末清初藏传佛教在蒙古地区传播兴盛的中心，曾被誉为拥有“七大召、八小召、七十二个绵绵召”的“召城”。市辖区内曾有39座藏传佛教召庙，现存10余座已恢复重建或尚有建筑遗存的召庙。

图2-12 大召寺

图2-13 五塔寺

图2-14 清真大寺

图2-15 天主教堂

将军衙署位于新建的“绥远城”城中心位置，“绥远城”是驻防城，并派将军驻守，官封武将一品。将军衙署即为绥远城将军之府邸。

图2-16 将军衙署

中华人民共和国成立后，呼和浩特建成了许多民族文化元素鲜明的地域特色建筑，如内蒙古博物馆、内蒙古人大常委会办公楼、内蒙古展览馆等，反映了这个城市厚重的历史文化积淀和特色鲜明的地域性文化风貌景观，目前大多已成为呼和浩特的历史保护建筑。

图 2-17　内蒙古博物馆

图 2-18　内蒙古自治区人大常委会办公楼

图 2-19　内蒙古展览馆

文化遗存除了以上物质形态表现之外，非物质形态则表现在各民族的宗教信仰、价值观以各类风俗习惯、语言、艺术、节庆活动等载体的延续与传承、融合与发展。古尔邦节、开斋节等为回族传统的宗教节日，在回族聚居的街区得以完整地保留，是少数民族文化传承的重要形式；昭君文化节以丰富而有特色的活动内容宣传了城市形象，加强了地区民族文化自信，已逐渐发展成为呼和浩特市重要的节庆活动之一。而传统的歌舞等艺术形式如满族八角鼓、晋剧、二人台等地方戏曲既有对地区性民族文化的传承，也有对晋陕等外来文化的吸收，并以各种民间剧团演出的形式成为融入群众日常生活的艺术形式。

图 2-20　古尔邦节

图 2-21　昭君文化节

2.2.3 空间形态风貌子系统——青城新韵

呼和浩特市市域城镇体系空间结构为：“一核三轴”。一核：一核为呼和浩特中心城区，范围为绕城高速路与京包高速公路围合的区域。三轴：三轴为市域东西、南北和西南三条城镇发展轴。东西城镇发展轴：110 国道、京包铁路、呼包高速公路同向横贯整个市域。南北城镇发展轴：209 国道纵向发展轴线。西南城镇发展轴：呼准铁路、呼准高速、呼鄂城际铁路纵向发展轴线。

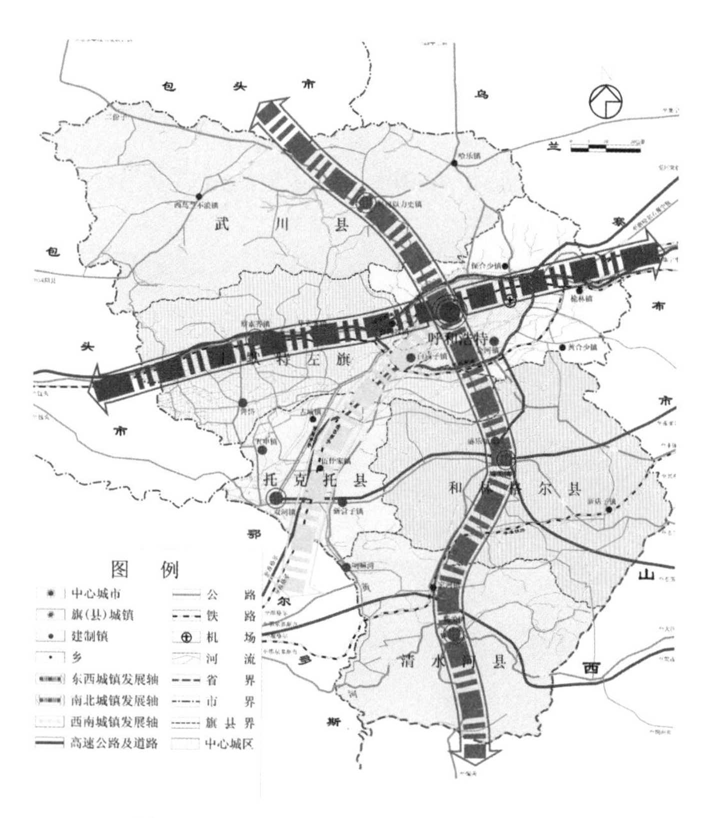

图 2-22　呼和浩特城市市域城镇空间结构示意图

在自然地理条件和产业构建的基础上，呼和浩特市近年以各类经济开发区的建设和交通建设为导向，逐步形成向东西两翼扩展、南向延伸、北向控制的城市发展格局。目前，呼和浩特市中心城区城市风貌景观格局为“三轴、三核、六带”，即以新华大街、成吉思汗大街、通道街构成三条主要的景观轴线。以新华大街、中山路区域为主，包括通道街历史风貌区形成的中心景观风貌区，小黑河与大黑河之间的新市区中心景观风貌区，以及东二环路以东，以行政办公、文化生活为主的行政文化中心景观区，构成三个风貌核心区。大黑河、小黑河、乌素图沟、扎达盖河、哈拉沁沟等五条穿城水系所形成的滨水景观带，以及大青山前坡绿化景观带共同构成了城市的“六带”。以大召寺、鼓楼和将军衙署等历史风貌节点与各类城市广场、街头绿地、出入口、小品雕塑等形成景观节点群。

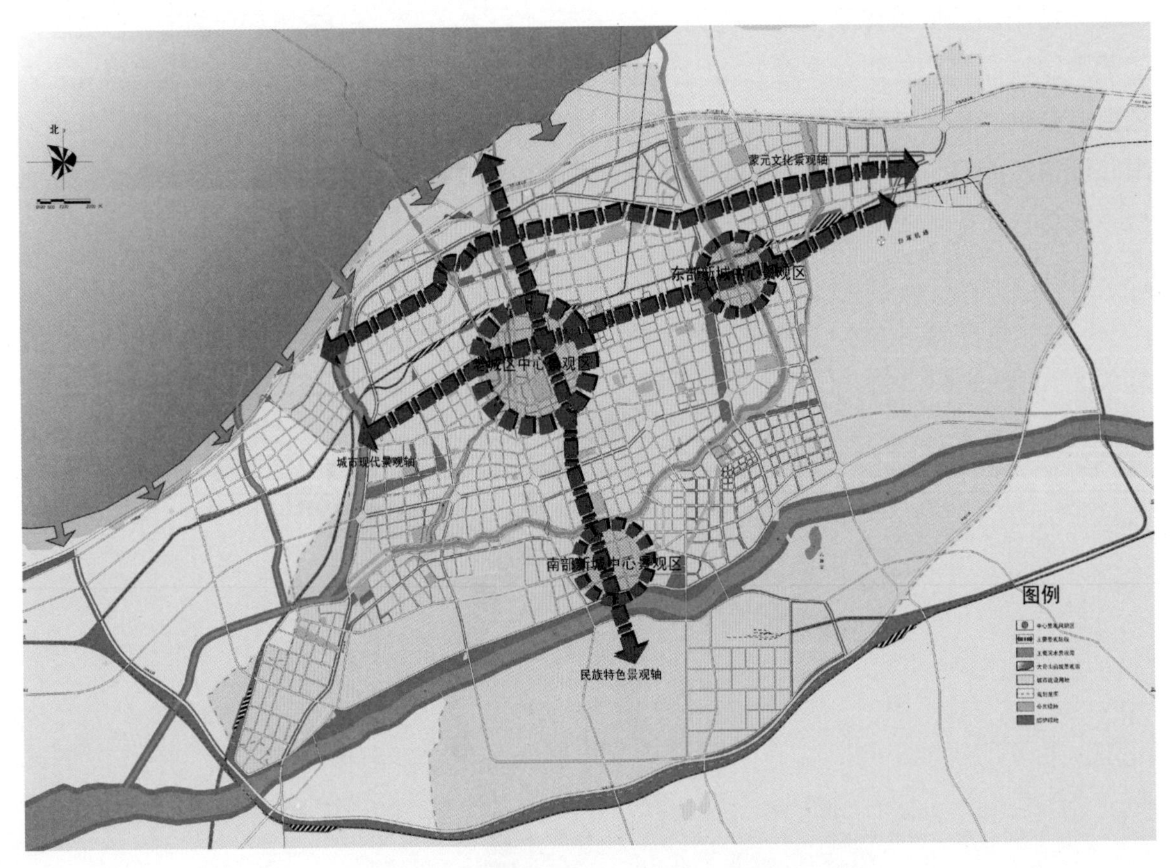

图 2-23　呼和浩特城市中心城区风貌空间结构示意图

城市天际线：以大青山和环城水系为背景，高低错落的建筑与城市绿地景观相辉映，构成了富有韵律感的城市轮廓线。

图 2-24　敕勒川公园天际线

图 2-25　通道街北跨北二环立交桥天际线

图 2-26　东河两岸建筑天际线

景观轴线：包括以成吉思汗大街为依托的蒙元文化景观轴、以通道街为依托南北延伸的民族特色景观轴和以新华大街为依托东西延伸的城市现代景观轴。

图 2-27　成吉思汗大街

图 2-28　新华大街

图 2-29　通顺南街建筑

图 2-30　通道街北街建筑

城市广场：以新华广场、成吉思汗广场、行政中心广场、如意广场等形成城市开放空间体系。

公园绿地：以青城公园、满都海公园、敕勒川公园、南湖湿地公园、蒙古风情园、阿尔泰游乐园、成吉思汗公园、哈拉沁公园等形成生态景观体系。

图 2-31　如意广场

图 2-32　呼和浩特市青城公园

图 2-33　草原丝绸之路文化公园

城市夜景：近年，呼和浩特市重点区域亮化结构为“三横”、“三纵”、“两环”、“六大出城口”以及“一片区”，形成民族特色、现代气息、商业气氛区域划分明确的城市夜景形象。

图 2-34 新华大街夜景 1

图 2-35 新华大街夜景 2

图 2-36 中山西路夜景

图 2-37 伊斯兰风情街夜景

图 2-38 大召夜景

城市雕塑：城市雕塑富有浓郁的民族特色，并充分体现出时代特征。

建筑风貌：呼和浩特市有着传承千年的悠久历史和多民族相互交融的优良传统，其传统文化为典型的游牧文化与农耕文化的结合，并深受藏传佛教、伊斯兰教等宗教文化的影响；同时，在现代城市发展的过程中，许多优秀的具有地域民族特点的现代公共建筑及工业文明和现代建造技术形成的现代化地标建筑，拔地而起，成为城市的靓丽名片。其建筑风格主要有传统风格建筑、地域气质建筑和现代风格建筑。

传统风格建筑：传统风格建筑主要有明清风格建筑、近现代风格建筑、晋风民居建筑和新中式建筑等。

地域气质建筑：地域气质建筑主要有古典式蒙古族建筑、现代蒙古族建筑、蒙藏式建筑、伊斯兰风格建筑及适应北方气候的厚重气质建筑等。

现代风格建筑：适应现代技术和材料而建造的造型简洁、形式反映功能的建筑。

图 2-39　成吉思汗广场雕塑

图 2-40　中国乳都雕塑

图 2-41　成吉思汗广场牛角雕塑

图 2-42　大召商业街建筑

图 2-43　艾博伊和宫

图 2-44　万达文华酒店

图 2-45　内蒙古民族体育运动中心

图 2-46　内蒙古国际大厦

图 2-47　内蒙古科技馆

图 2-48　内蒙古演艺中心

图 2-49　内蒙古美术馆

图 2-50　内蒙古游泳馆

图 2-51 昭君博物院

2.3 呼和浩特市城市风貌体系和要素

2.3.1 呼和浩特市城市风貌体系

基于以上自然、文化和人工三个方面子系统的分析，则“山、水、召、城”的脉络构建了呼和浩特城市风貌体系的整体格局：以雄浑的大青山构成了城市背景，以穿城而过的丰富水系构成了城市滨水景观带，以草原为基底的自然环境与人工环境相互配合补充构建了城市的园林景观体系。在上述基础上，将置于其上的城市建筑有机融入，适配相宜、传承发展，则会构成呼和浩特城市整体的独特风貌。在此优良的山水格局中，古老的游牧文明、农耕文明与现代城市文明融合延续；草原风情与民族风情相依共存。城市风貌中既保留着草原城市独特的亲近自然与舒朗大气，又有着多民族聚居形成的丰富而独特的文化特性。

表 2-1 呼和浩特市城市风貌体系

“山”	大青山为城区整体环境景观的构建提供了雄浑的背景与活跃的自然元素
“水”	大黑河、小黑河、乌素图沟、扎达盖河、哈拉沁沟等环城水系是呼和浩特市营造城区生态景观的灵气所在
“召”	呼和浩特曾被誉为拥有“七大召、八小召、七十二个绵绵召”的“召城”，现存 10 余座已恢复重建或尚有建筑遗存的召庙
“城”	山水之间的城市及其建筑有机融入自然底景，合理布局，形成疏朗开放的城市空间环境

2.3.2 呼和浩特城市风貌要素

呼和浩特城市风貌以“山、水、召、城”的脉络构建城市风貌体系，可进一步分为自然生态景观风貌子系统、历史文化景观风貌子系统和空间形态风貌子系统，城市所在地区的自然、文化与历史的地域性特征以直接或间接的方式体现在具体的风貌载体中，包括：城市的自然基底和人工景观、城市天际线、开敞空间、城市色彩、特色街区、建筑风格、空间格局、雕塑小品、城市夜景等。

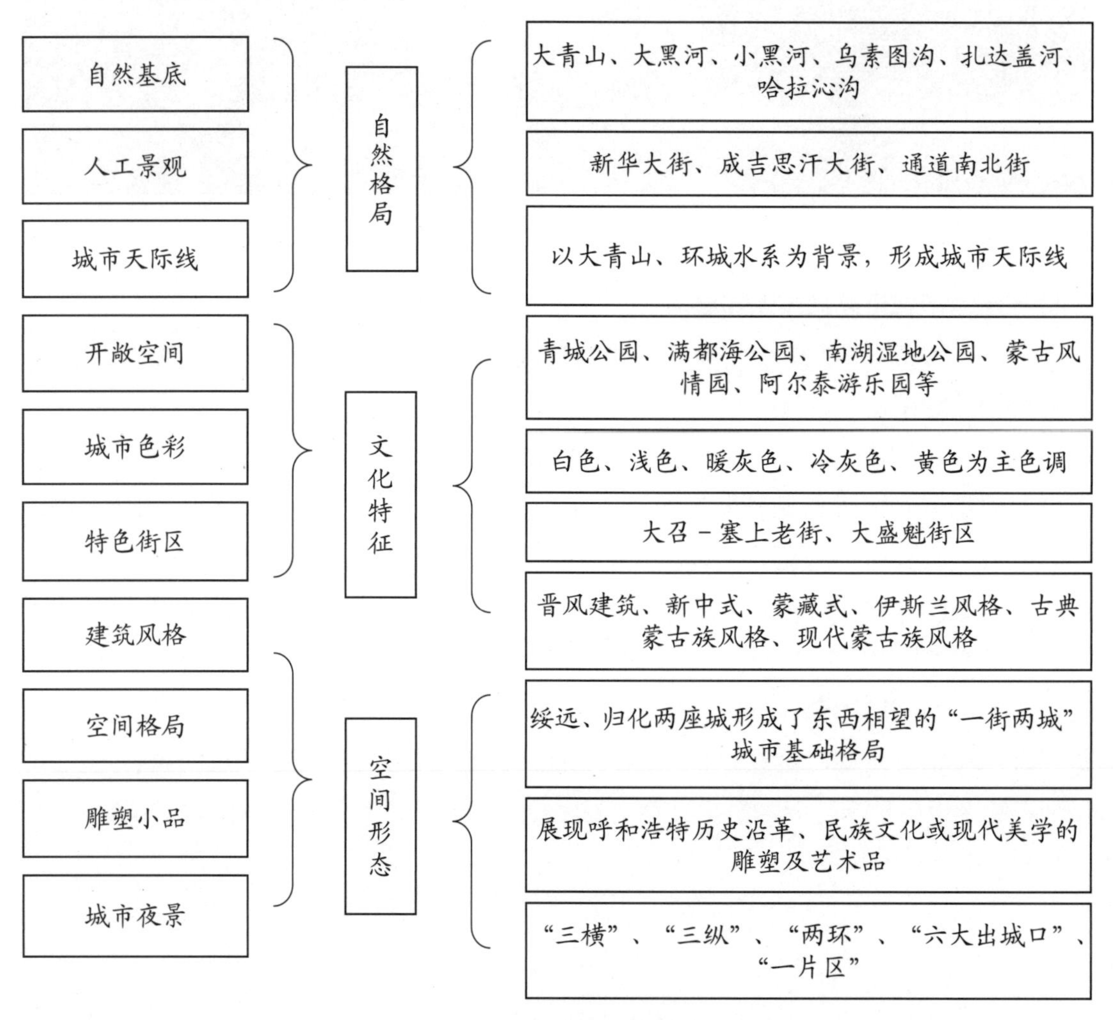

图 2-52 呼和浩特城市风貌要素图

2.4 结语

呼和浩特市作为内蒙古自治区首府城市，承载着地区政治、经济、文化等多种职能，在既往的城市现代化发展与快速建设的过程中，成为内蒙古地区的行政、经济与文化中心城市，奠定了城市风貌的总体基调。

“青山黛水”：呼和浩特市所处的自然生态环境成为塑造城市风貌的山水基底。大青山巍峨绵延在市区北缘，草原、林地、农田构成了城市周边的大地景观；城市内部以大小黑河为主的水系蜿蜒而过。在近年对城市人工生态环境的大力营造中，良好的自然环境基底成为塑造城市特色景观风貌的重要自然基础，并与人工绿地环境建设相结合，构建了“三轴四核六带”的城市景观风貌格局。

“古都名城”：呼和浩特市悠久而丰富的文化特质以开阔的北方游牧文化为核心，兼具民族文化、宗教文化和现代科技文化的多重个性文化特质。不同历史时期形成的文化特质，以物质或非物质遗存的形式，整体或部分得以保护或改造，或将城市的历史记忆与文化精神以再创造的手段进行转化与展示，从而得以延续。古老的历史文化名城在新时期的城建过程中以更加有创新精神的形态进行着发展与衍化。

“青城新韵”：历经千年的发展变迁，古老城市的特色景观风貌与新时代规划理念下的新城建设相互融合，城市的空间形态、街道的肌理、建筑的风格形式都发生了极大的变化：既有古风古韵的历史宗教建筑、民族特色浓郁的地域建筑，也有追求极简主义的现代风格建筑，形态多样、类型丰富。历史与现代产业文明共同造就了古今辉映的首府风貌。

第3章 “草原钢城”——包头市风貌区

图3-1 包头钢铁大街夜景

3.1 包头市风貌区概况

包头，蒙古语称为“包克图”，意为有鹿的地方，又称“鹿城”。其人类活动的历史可以追溯至 6000 年前的新石器时代，城市建设则始于清嘉庆年间，至今约 200 年。

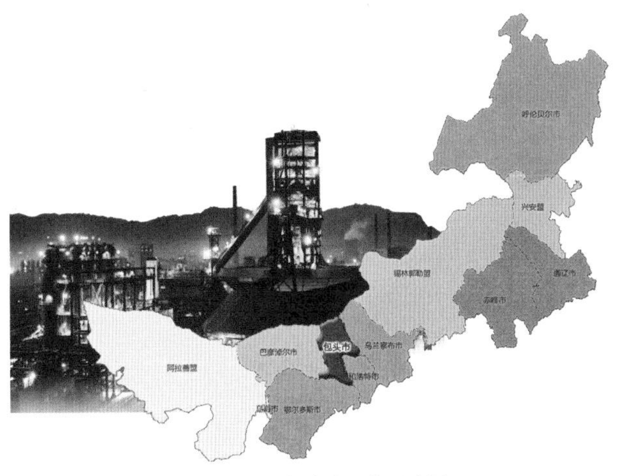

图 3-2　包头市区位示意图

包头市共下辖 9 个旗县区，包括 4 个市辖区、2 个工矿区（白云鄂博矿区、石拐区）、3 个农牧业旗县（土默特右旗、固阳县、达尔罕茂明安联合旗），市域总面积 27768 平方公里。包头市区包括昆都仑区、青山区、东河区、九原区和 1 个国家级高新区（稀土高新区），市区总面积 1901 平方公里。包头市域总人口 269.29 万人，居住着蒙、汉、回、满、达翰尔、鄂伦春等 43 个民族。

包头是内蒙古自治区的制造业、工业中心，其处在华北与西北的交接地区，为连接我国内地与西北地区的交通枢纽，是京津呼包银经济带的重要核心城市，也是中国重要的基础工业基地和全球轻稀土产业中心，被誉为“草原钢城”、“稀土之都”。

图 3-3　包头友谊大街

3.2 包头市城市风貌系统构成

包头市城市风貌系统包括自然生态景观风貌子系统、历史文化景观风貌子系统、空间形态景观风貌子系统。

3.2.1 自然生态景观风貌子系统——山水夹城

包头市是一个依山傍河的草原城市，山体、水体及其湿地等自然景观类型丰富多样。城区北靠大青山、乌拉山，形成了自然生态屏障和景观生态绿化背景；南临黄河水系，是城市重要的水源和生态景观带。处于大青山与黄河之间南北向延伸的昆都仑河、四道沙河、西河、东河、五当沟等黄河支流则形成了贯穿城区的绿色生态廊道，整个城市夹在山水之间，山水相互渗透于整个城市。城市中部以赛汗塔拉城中草原为主体，南北贯通，成为城市的绿色生态景观带，与南部小白河湿地公园景观带相联系，形成了独特的城市草原湿地自然景观。

图 3-4　南海湿地公园

图 3-5　赛汗塔拉生态园

图 3-6　鹿城包头

赛汗塔拉，蒙古语意为美丽的草原，是包头市区原始草原湿地生态系统，又名“成吉思汗草原生态园”。它位于包头 5 个城区之间，总面积 770 公顷，是全国城市中最大的天然草原园区。草与树相映构成了天然的疏林草地景观，一眼望不到头的绿色与蓝天白云相接，以远处的巍峨青山为背景，构成“天苍苍，野茫茫，风吹草低见牛羊”的广阔浩然的草原风貌。

图 3-7　穿城水系昆河景观

3.2.2 历史文化景观风貌子系统——多彩鹿城

在历史的变迁中，包头曾是胡、匈奴、鲜卑、柔然、突厥、回纥、蒙古等北方少数民族的游牧地，以其沟通阴山南北的交通要道和扼守边陲的军事要冲这一优越的地理位置而成为兵家必争之地。历史上出现过的城塞，最早的是战国时期（公元前 475~ 前 221 年）的九原县（今包头郊区麻池古城），秦时九原升为郡，两汉时继续沿用不辍。到了盛唐时，为了防御突厥，名将张仁愿修筑了东、中、西三个受降城，共青农场沃陶窑子古城，就是其中的中受降城。

18 世纪初叶，清王朝为了控制西北地区，在包头设防屯兵移民，垦荒种植，开始了近代包头的起源。1923 年平绥铁路（今京包线）通车至包头，使包头成为水路货运集散地，1938 年设立包头市，1949 年 9 月 19 日包头和平解放，包头市区面积发展到 4.3 平方公里。1950 年成立包头市人民政府，属绥远省辖市，下辖一、二、三区。1953 年蒙绥合并为内蒙古自治区，包头下辖一、二区和回民区，并新建制新市区、郊区。

图 3-8　包头市旧城南门

图 3-9　包头北梁历史影像

图 3-10　包头东北门里 18 号院

图 3-11　包头三官庙历史街区

第一个五年计划期间，因为包头有着丰富的矿产资源，国家决定在包头建设以钢铁工业为中心的综合性工业城市，并实施建设苏联援建的大型钢铁联合企业、一机厂和二机厂等五个重大项目，奠定了现今的城市格局。1955 年中央批准新市区规划。1956 年正式建制东河区、昆都仑区和青山区三个市区。包头旧城区位于东河区，新市区选定在远离旧城区的昆都仑河以东，距离旧城区 14 公里，北靠大青山，南临黄河的山前台地平原上，从而形成了延续至今的“一市两城、带状分布”的整体城市形态。

图 3-12　20 世纪 80 年代的包百

图 3-13　钢铁大街旧貌

图 3-14 老一宫俯瞰

图 3-15 20 世纪 60 年代包头火车站

包头是一座典型的移民城市，从古至今经历了数次大规模人口迁徙，拥有特色鲜明的移民文化。同时，中原文化与北方文化，农耕文化与游牧文化，晋陕文化与草原文化在这里交融、交错、交流。市区范围内现存阿善遗址、麻池古城及召湾汉墓群、敖伦苏木古城、秦长城、金界壕、燕家梁遗址等历史遗迹及美岱召、五当召、梅力更召、希拉穆仁庙、百灵庙等宗教建筑遗存，包钢一号高炉、兵器工业园等工业遗产建筑群，共有国家重点文物保护单位 12 处，自治区级文物保护单位 18 处。

图 3-16 五当召

包头自古便是中原华夏民族和北方游牧民族之间进行政治、经济、文化交流的通道，其宗教文化呈现出多元特色，市区内现存佛教建筑 20 余座、伊斯兰教建筑 7 座、基督教堂 10 余座。

图 3-17　美岱召

图 3-18　百灵庙

图 3-19　希拉穆仁庙

图 3-20　梅日更召

包头市是我国少数民族地区最早的一座工业城市，以包头钢铁集团和中国兵器工业集团等为代表的钢铁机械制造业在全国都占有举足轻重的地位。受近代工业生产格局的影响，城镇中保留着集中成片、极具苏联时代特征的特色建筑街区，同时工业建筑遗产及工业旅游资源已成为构成包头城市风貌的重要资源和基础。

三十二街坊始建于 20 世纪五六十年代，整个街坊有着明显的苏联建筑风格。周边原有同样规划布局的十几个街坊，均已经被商业建筑或者现代小区所替代。因此，包头市政府对三十二街坊的环境和建筑单体进行修复和改造，延续着包头的近代工业城市记忆。

图 3-21　钢铁路 32 号街坊改造后鸟瞰

图 3-22　包钢建设中的四号高炉

图 3-23　包头北方兵器城

3.2.3 空间形态景观风貌子系统——钢城新貌

包头市域城镇体系形成“中心城区——辅城——旗县城中心镇与工矿区—— 一般建制镇——乡集镇（苏木）”五级等级体系。全市形成“一心一轴多点”的总体空间结构。一心即中心城区，是包头市域城镇发展的核心地区；一轴即呼和浩特——萨拉齐——包头——银川东西发展轴，是包头市域城镇发展主轴；多点即市域北部的重点发展城镇，包括金山镇、满都拉镇、百灵庙镇、石拐区、白云矿区等城镇。目前，包头市城市风貌景观格局形成“一心、三核、三轴、三带”的城市景观骨架。“一心”是以赛汗塔拉城中草原、中央公园为基础，形成城市景观绿心，“三核”是三个城市景观核心区，包括阿尔丁广场景观核心区、建华路东侧区域景观核心区、黄河路两侧景观核心区。“三轴”是城市的三条主要城市生活景观轴线，包括钢铁大街一建设路景观轴、阿尔丁大街景观轴、区域服务中心一滨河新区景观轴。“三带”是三条组团、片区之间的绿化隔离带。西部昆都仑河景观带以生态防护绿地为主，作为工业片区与城市生活片区之间的绿化隔离；中部以赛汗塔拉城中草原为主体的南北贯通城市的绿色生态景观带，作为公众休闲游地带；东部东河片区与东兴工业片区之间的绿色生态景观带以生态防护绿地为主，作为片区外围的绿化隔离。

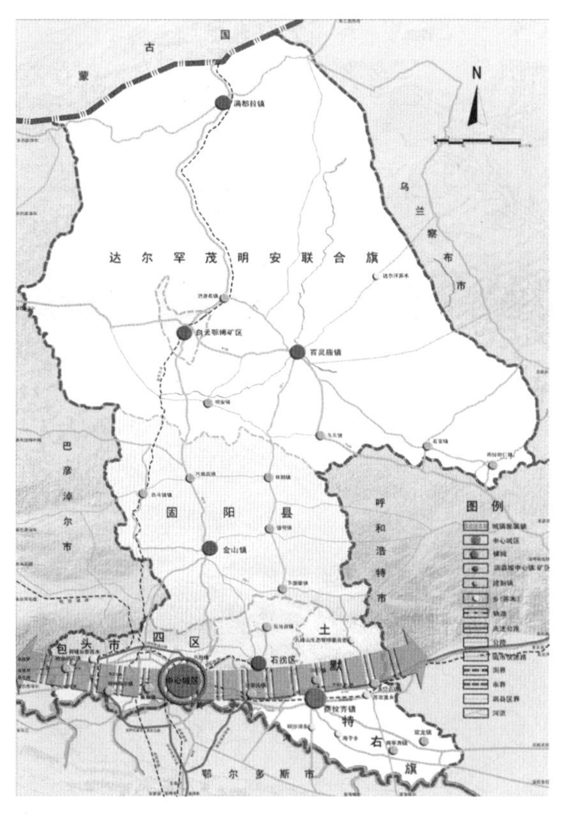

图 3-24　包头市域城镇空间结构示意图

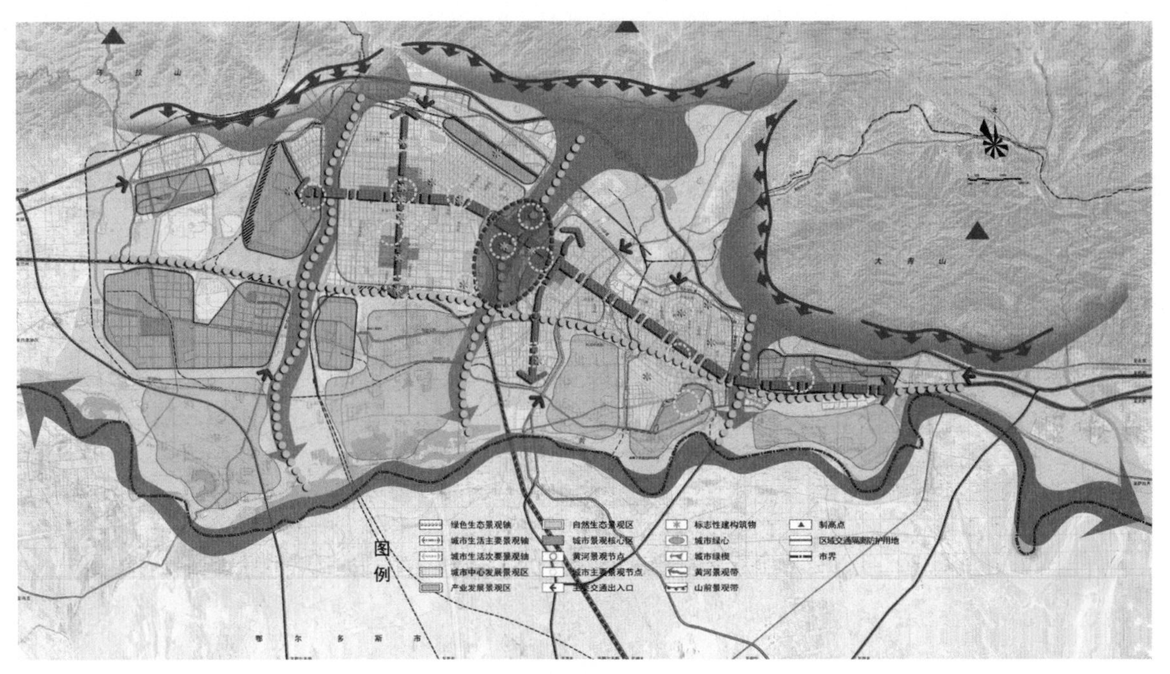

图 3-25　包头市城市风貌空间结构示意图

城市天际线：包头市区天际线以蔚蓝的天空和起伏的远山为背景，以公园绿地和水体为前景，建筑群高低错落、富有层次，建筑与自然山体植被相互呼应。

图 3-26　阿尔丁广场建筑天际线

图 3-27　包头新市区天际线

图 3-28　昆河公园建筑天际线

图 3-29　钢铁大街天际线

景观轴线：连接两个城区的钢铁大街—建设路景观轴；传承城市历史文脉、延续城市传统轴线的阿尔丁大街景观轴；反映现代化大都市建设成就的区域服务中心—滨河新区的景观轴。

图 3-30　阿尔丁南大街

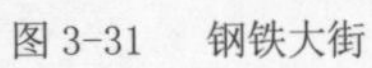
图 3-31 钢铁大街

图 3-32 滨河大道

图 3-33 奥林匹克公园

图 3-34 锦绣公园

图 3-35 银河广场

图 3-36 阿尔丁植物园

城市广场：银河广场、阿尔丁广场、友谊广场等市级广场。

城市公园：奥林匹克公园、南海公园、鹿园、赛汗塔拉生态园、人民公园、八一公园，其功能、形态结合周边自然环境特征，营造了包头市区优良的公共空间环境。

城市夜景：钢铁大街与建设路连成一条横向主轴线，再串联起巴彦塔拉大街，堪称包头的百里长街。阿尔丁大街与民族东路两条路构成一条纵向主轴线。一横一纵，成为包头市夜景的中轴线。

图 3-37 包头城市夜景鸟瞰

图 3-38 包头城市夜景 1

图 3-39 包头城市夜景 2

图 3-40　包头城市夜景 3

城市雕塑：城市雕塑主要以包头建城历史及工业发展为主题，展示城市特色形象。

图 3-41　一宫三鹿腾飞雕塑

图 3-42　银河广场雕塑

图 3-43　中国兵器城雕塑

图 3-44　盛世宝鼎雕塑

建筑风貌：包头作为内蒙古地区的“门户”，一直以来都是中原文化与边塞文化交汇的地方，不论是清代中期开始“走西口”运动或是中华人民共和国成立初期大规模的苏联援助建设，均自然地与蒙古族文化相融合，并直观反映在包头地区的建筑上。工业发达的包头是一座草原上的现代都市，建筑大多体现了造型简洁、经济合理、高科技等现代工业建筑特征。同时，包头经济的快速发展以及各种文化的杂糅，造就了包头形形色色的建筑风貌。建筑风格主要有传统风格建筑、地域气质建筑和现代风格建筑。

传统风格建筑：传统风格建筑主要有晋风民居建筑、明清风格、近现代风格和新古典主义风格建筑。

地域气质建筑：地域气质建筑主要有蒙元风格建筑。

现代风格建筑：现代风格建筑主要包括工业风格建筑。

图 3-45　九原横竖街商业建筑

图 3-46　乔家金街商业建筑

图 3-47　香格里拉酒店、万达广场

图 3-48 包头博物馆

图 3-49 包头规划局展览展示中心

图 3-50 包头市劳动和社会保障服务中心

图 3-51 包头稀土大厦

图 3-52　包头少年宫

图 3-53　包头大剧院

3.3 包头市城市风貌体系和要素

3.3.1 包头市城市风貌体系

包头市自然条件独特，城区依山傍河，由山体、河流、草原等构成“山、河、园、城”为一体的城市自然景观。城市景观风貌可以概括为“山水夹城、双脉共生、绿脉绕城、城园相对”，塑造出山、河、城、绿和谐交融的草原文化新城。

“山–河–园–城”的格局塑造了城镇的基本形态，亦是城镇风貌塑造的自然基底。城市文化以开阔的草原文化为基础，兼具工业文化、移民文化、宗教文化和阴山文化的多重个性文化特质。包头作为以工业发展而兴起的城市，在保留城市内原有的工业城市格局的基础上，不断融入创新产业，形成新型工业城市风貌。

表 3-1 包头市城市风貌体系

“山”	包头市中心城区北部靠大青山、乌拉山，作为城市的自然生态屏障，形成了城市外围的景观生态绿化背景
“水”	南部临黄河水系，是城市重要的水源和生态景观风光带。大青山与黄河之间的昆都仑河、四道沙河、西河、东河、五当沟等黄河支流形成了贯穿城区的绿色生态廊道
“园”	面积最大的城中草原——赛汗塔拉城中草原、中央公园，形成了城市景观绿心，城市花园
“城”	城市用地主要靠北发展，南边保留大量的农田、绿化林地、河滩湿地等生态绿地作为城市绿斑，形成城园相对的结构特征

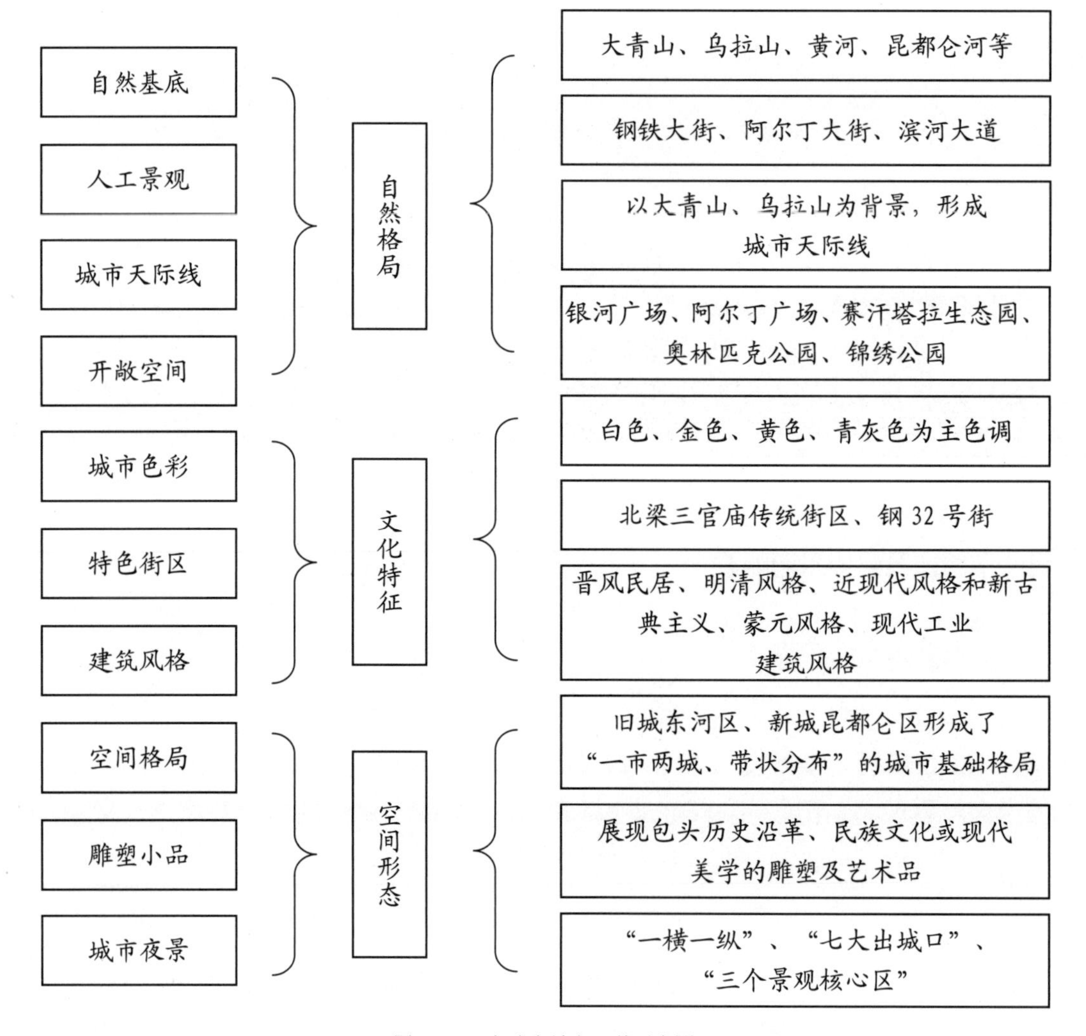

图 3-54 包头市城市风貌要素图

3.3.2 包头市城市风貌要素

包头市“山、水、园、城”的风貌体系，在操作层面则体现在具体的风貌要素上，依照自然、文化和人工子系统的顺序，总结有：自然基底、人工景观、开敞空间、城市天际线、城市色彩、建筑风格、特色街区、空间格局、雕塑小品、城市夜景等。

3.4 结语

包头市是中华人民共和国成立之后国家在北方少数民族地区重点塑造的工业城市，工业发展对城市格局形成有着显著影响，也是今天“草原钢城”风貌形成的基础。城市的规划建设格局既有草原地区疏朗大气的典型特征，亦有工业建设与发展给城市带来的深刻烙印，以及游牧文化、农耕文化和西口文化的融合形成的独特民风民俗，多元文化的融合形成了包头富饶多彩的城市风貌。

“山水夹城”：包头市所处的山环水抱的优越自然环境成为塑造城市风貌的生态基底，城市背负高山，面朝江河，多条水系穿越城区，绿意点缀，自然与人工的有机结合形成城市优良的环境基底。

“多彩鹿城”：包头市多元融合的文化特质以舒朗的草原文化为基础，兼具工业文化、移民文化、宗教文化和阴山文化的多重个性文化特质，不同时期形成的文化特质以物质或非物质文化遗存的形式影响着包头市城市文化形象的形成与发展。

“钢城新貌”：城市随着历史的变迁，形成以工业发展为脉络的工业城市格局，沿袭旧有的城市空间格局，把“山、河、绿”等城市空间元素引入城市，赋予包头市金融生态城市新风貌。

第4章 “游牧故乡”——呼伦贝尔市风貌区

图 4-1 两河圣山夜景

4.1 呼伦贝尔市风貌区概况

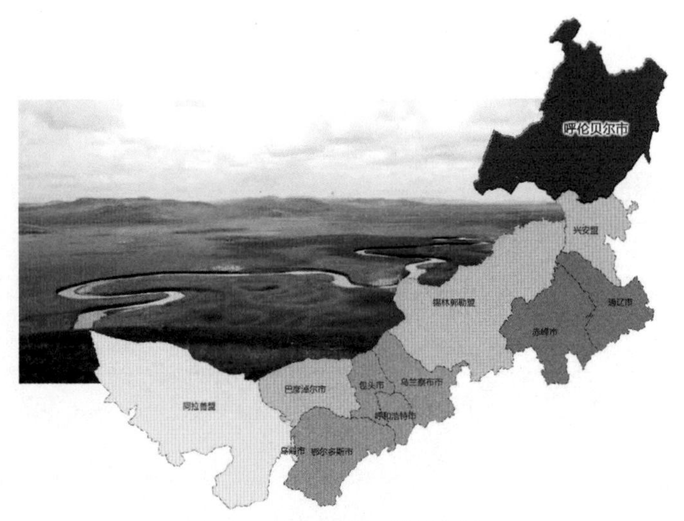

图 4-2　呼伦贝尔市区位示意图

“呼伦贝尔”其名源自于以呼伦、贝尔二湖为依托的美丽的神话故事。市域内广袤的大草原、大森林、大湖泊、大湿地孕育了呼伦贝尔市蒙古、达斡尔、鄂温克、鄂伦春在内的多达 32 个少数民族，被誉为中国少数民族成长的摇篮胜地。早在两三万年前，从在呼伦湖繁衍生息的扎赉诺尔人创造了呼伦贝尔原始文化的开始，此处便成为众多少数民族游牧生活、厉兵秣马之地，灿烂的游牧文化也因此得以繁荣和发展。独特的自然生态环境主导了呼伦贝尔市域复杂的社会形态和城镇格局的形成：民国时期此地实行地方自治；抗日战争胜利后建立呼伦贝尔自治省政府，后改称呼伦贝尔自治政府；内蒙古自治区成立后更名呼伦贝尔盟；1949 年中华人民共和国成立前，与纳文慕仁盟合并称呼伦贝尔纳文慕仁盟；1953 年 4 月，成立内蒙古自治区东部行政公署，同时撤销原哲里木、兴安、呼纳三个盟的建制，其中原呼纳盟的海拉尔、满洲里变为内蒙古自治区的直辖市，委托东部行署代管；1980 年 7 月，成立呼伦贝尔盟行政公署；2001 年 10 月撤盟设市后改称呼伦贝尔市，海拉尔市更名海拉尔区，至此，呼伦贝尔市形成了辖 7 旗（即阿荣旗、莫力达瓦达斡尔族自治旗、鄂伦春自治旗、鄂温克族自治旗、陈巴尔虎旗、新巴尔虎左旗及新巴尔虎右旗）、2 区（即海拉尔区、扎赉诺尔区）、5 市（即满洲里市、牙克石市、扎兰屯市、额尔古纳市和根河市）的行政建制。

呼伦贝尔市域总面积约 25.3 万平方公里，总人口 270 余万。市商业中心海拉尔区于清雍正年间建制，后建呼伦贝尔城，距今已有 280 余年的建城史。

如今的呼伦贝尔市是我国东北地区开放型区域中心城市，对内接壤黑龙江省，对外联系俄、蒙，拥有我国最大的对俄陆路口岸 ——满洲里口岸，区位条件优越。其内外联合的发展模式不仅助力了自身经济的发展，同时带动周边城市的发展建设。同时，利用优势资源条件，呼伦贝尔市还积极承担着蒙东地区产业基地的职能，为蒙东其他盟市的发展推波助澜。近年来，呼伦贝尔市充分挖掘草原文化和少数民族风俗文化，发展特色旅游业，并依托广袤的呼伦贝尔大草原、绵延的大兴安岭原始森林、富饶的河湖水系等自然生态禀赋构建舒朗大气、景致怡然的草原城市风貌景观，提升城市的舒适性与宜居性。

图 4-3 额尔古纳河鸟瞰

4.2 呼伦贝尔市城市风貌系统构成

呼伦贝尔市城市风貌系统包括自然生态景观风貌子系统、历史文化景观风貌子系统、空间形态景观风貌子系统。

4.2.1 自然生态景观风貌子系统

呼伦贝尔市地域辽阔，风光旖旎，大森林、大草原、大湖泊、大湿地等自然资源交错分布的生态环境布局为其提供了一片静谧怡人的绿色净土。其中，市域内的呼伦贝尔大草原是我国现存最为完好的草原，有着“牧草王国”的美誉；绵延的大兴安岭自北向南贯穿而过，为呼伦贝尔带来丰富的森林资源；境内的呼伦湖是我国第四大淡水湖；蜿蜒的额尔古纳河及周边开阔的湿地是蒙古族的发祥地，也是一代天骄成吉思汗的故里。作为内蒙古自治区水资源、森林资源最为富集的盟市，呼伦贝尔是自然禀赋与生态环境最为美丽富饶的“塞外桃源”。

图 4-4 呼伦贝尔大草原风光

图 4-5　额尔古纳湿地

图 4-6　油菜花田

图 4-7　莫尔道嘎国家森林公园

图 4-8　额尔古纳河

图 4-9　呼伦湖

图 4-10　月亮天池

呼伦贝尔市中心城区周边山丘连绵起伏，西山、北山、东山环绕城市形成簸箕状的自然生态屏障，保障了中部盆地相对温暖湿润的小气候形成。伊敏河、海拉尔河等天然水系穿城而过，为呼伦贝尔市带来了通透的滨水景观廊道。城区四面森林环绕、绿草绵延，共同构成了呼伦贝尔市青山、绿水、森林、草原的生态本底，被誉为“北国碧玉”。与此同时，多样的气候条件还为城市带来丰富的冰雪资源，冬日之至，满目白雪皑皑，大地银装素裹，冰雕、滑雪、冰雪那达慕等活动一应俱全，在寒冷的严冬人们依旧能感受到北国人民的热情豪放和“呼伦贝尔大冰雪”的神奇魅力。

图 4-11　呼伦贝尔林海雪原

图 4-12　呼伦贝尔雾凇

图 4-13　呼伦贝尔不冻河

4.2.2 历史文化景观风貌子系统——游牧故乡

呼伦贝尔历史悠久，民族文化底蕴深厚，被称为北方游牧民族的成长摇篮，因此留下了许多属于少数民族的历史文物古迹。其中，扎赉诺尔人头骨化石、鲜卑旧墟石室——嘎仙洞、

图 4-14　嘎仙洞遗址

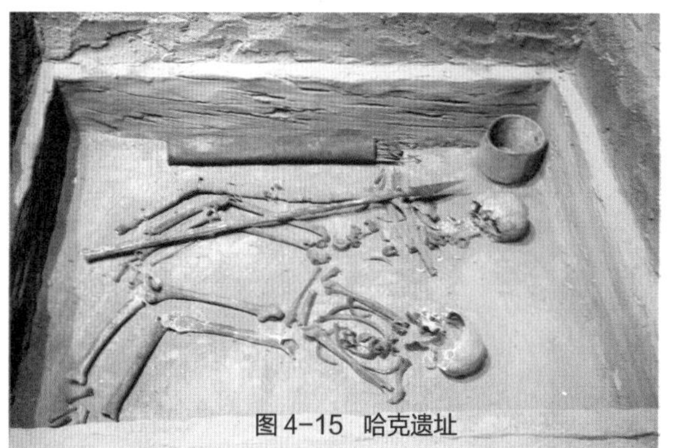

图 4-15　哈克遗址

黑山头古城遗址、鲜卑古墓群、金代边壕遗址、哈克遗址等共同书写了不同时期少数民族一派文化繁荣景象的绝美乐章。

图 4-16　海拉尔要塞遗址

图 4-17　侵华日军要塞地道

图 4-18　中东铁路历史建筑

图 4-19　苏联红军烈士公园

第二次世界大战后留下的诺门罕战争遗址和侵华日军海拉尔要塞遗址，以及中东铁路建筑群、苏联红军烈士公园等近现代战争遗址，反映了特定时期呼伦贝尔的历史记忆，成为城市文化风貌的重要组成部分。

除此之外，呼伦贝尔市还受到藏传佛教文化的深远影响，其市域范围内曾有 100 多座藏传佛教寺庙，现存近 10 座已恢复重建或保留建筑遗存的寺庙。较为著名的有甘珠尔庙、新巴尔虎右翼正黄旗寺庙(西庙)、呼和庙等。

图 4-20　甘珠尔庙

图 4-21　新巴尔虎西庙

从远古时期扎赉诺尔人留下最早的人类足迹开始，东胡、匈奴、拓跋鲜卑、室韦、契丹、蒙古等少数民族先后在此繁衍生息，为呼伦贝尔带来丰富多元的民族文化构成。从自然资源角度来看，生活在中北部林区的狩猎民族、西部草原的游牧民族、东南部松嫩平原的农耕民族，不同生产方式衍生出各自独特的文化内容。同时，随着历史的推移、民族的更替，传统文化在各民族间不断传递、碰撞、交融，形成了如今呼伦贝尔丰富多样而底蕴深厚的少数民族文化。

呼伦贝尔境内生活着汉、蒙古、回、满、朝鲜、达斡尔、俄罗斯、白、黎、锡伯、维吾尔、壮、鄂温克、鄂伦春等 32 个民族。其中，具有代表性的文化包括蒙古族巴尔虎部落文化、布里亚特部落文化、厄鲁特部落文化；达斡尔、鄂温克、鄂伦春民族文化；俄罗斯民族文化等。这些民族文化通过独特的风俗习惯与文化活动丰富了城市的精神风貌，为呼伦贝尔市城市特色风貌发展源源不断地注入鲜活的动力。

巴尔虎部落距今已有 2300 余年的历史，是蒙古族中历史最为悠久的一支。清康熙年间，有一部分巴尔虎蒙古人被编入八旗，驻牧在大兴安岭以东布特哈广大地区，还有一部分成为喀尔喀蒙古诸部的属部。后清政府为区别这两部分巴尔虎人，便称前者为“陈巴尔虎”，后者为“新巴尔虎”，分别居住在今陈巴尔虎旗、新巴尔虎左、右旗。

图 4-22　巴尔虎传统婚礼

图 4-23　巴尔虎舞蹈

达斡尔族是内蒙古呼伦贝尔北方森林文化体系下从事定居农业兼营其他生产方式的独特民族，主要生活在大兴安岭东侧依山傍水、土地肥沃的平原地区。由于从事固定的农业生产，因此达斡尔族聚族而居。

鄂伦春族是北方古老的游猎民族，居住在大、小兴安岭广袤的森林之中，随狩猎动物迁徙是其居住方式的最大特征。鄂伦春族这种暂时性居住形式被称作“斜仁柱”，并以父系大家族为单位，形成小的聚落。

俄罗斯族是外来民族在中国的延续，主要居住于大兴安岭西额尔古纳市，在俄罗斯族聚居的地方，由木刻楞形成的独门独院把每个家庭分开，因土地资源充足，故院落面积较大，户与户不相搭连，形成松散零星的聚落形态。

图 4-24　鄂伦春族传统“斜仁柱”建筑 1

图 4-25　鄂伦春族现代“斜仁柱”建筑 2

图 4-26　俄罗斯族传统“木刻楞”

图 4-27　现代“木刻楞”建筑

图 4-28　呼伦贝尔冰雪那达慕 1

图 4-29　呼伦贝尔冰雪那达慕 2

图 4-30　呼伦贝尔冰雪那达慕 3

4.2.3 空间形态景观风貌子系统——古城新韵

呼伦贝尔古城又名呼伦贝尔城，位于今呼伦贝尔市海拉尔区正阳街一带，始建于 1734 年，早在清代雍正年间，清政府为了保卫额尔古纳河为界的北部边疆，在这一带建城戍边。随着政治、军事作用的加强，商贸和交通功能日益显著，到乾隆年间，晋、冀、鲁等地商人“不远万里接踵而来，他们在城内竞相购地建房，投资设肆”，使得呼伦贝尔城相继出现“巨长城”、“隆太号”等八大商号，当年盛极一时的草原盛会——甘珠尔庙会也是因呼伦贝尔城的建立而发展兴盛的。同时，随着古城规模进一步扩大，在城西、城南分别建有两个卫星屯。后期呼伦贝尔古城在战争及社会动荡中逐渐被损毁，2008 年由海拉尔区政府着手复建，使得古城风貌能够重新展现在世人面前。

图 4-31　呼伦贝尔古城城门

图 4-32　呼伦贝尔古城商业街

呼伦贝尔冬季冰雪那达慕以鲜明的地域特色、浓郁的民族风格充分展示了冰雪的无限魅力和呼伦贝尔的无穷神韵，集中体现了不同时期蒙古、鄂温克、鄂伦春、达斡尔等少数民族群众的生产生活形态。古老的祭拜仪式、激情的竞技活动，彰显了呼伦贝尔少数民族民俗文化内涵，流露出冰雪带来的无尽欢乐。

呼伦贝尔建城伊始是典型的草原政治、军事中心，其规模较小，仅有衙门公署一处，后筑呼伦贝尔城，其四余里见方，无城垣，城内往来商旅频繁，贸易兴盛。随着中东铁路的通车，大量外来人口驻足此地，城市规模迅速扩张，由此形成了早期的海拉尔区。随后又修建了车站及附属设施，并以此为基础形成新的城市中心（新海拉尔）以及铁路员工居住的铁道村。因铁路而来的经济繁荣，使得新、旧海拉尔与铁道村三者合而为一，城市空间取得了较大拓展，基本奠定了如今海拉尔区的空间格局。

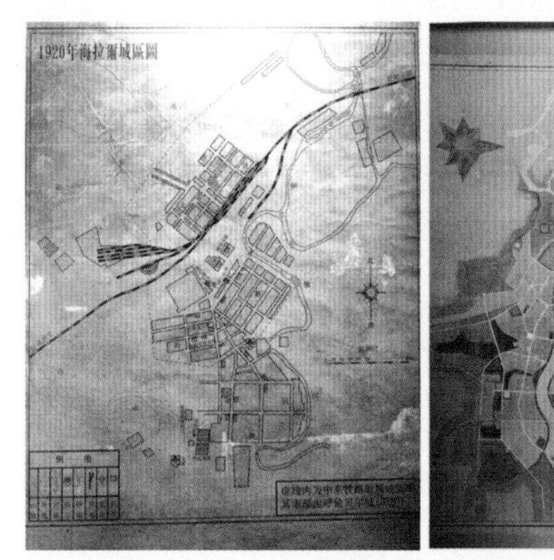
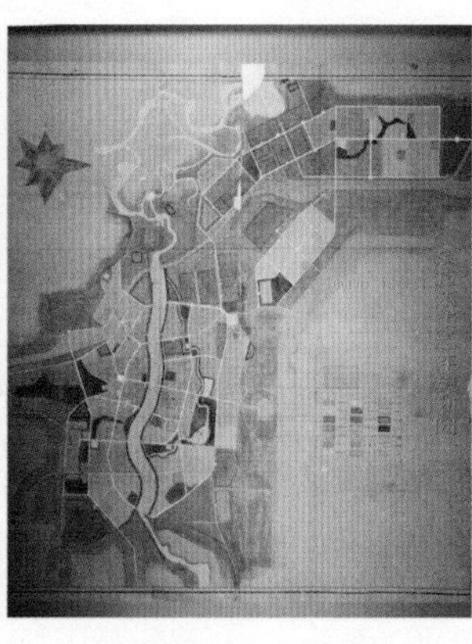
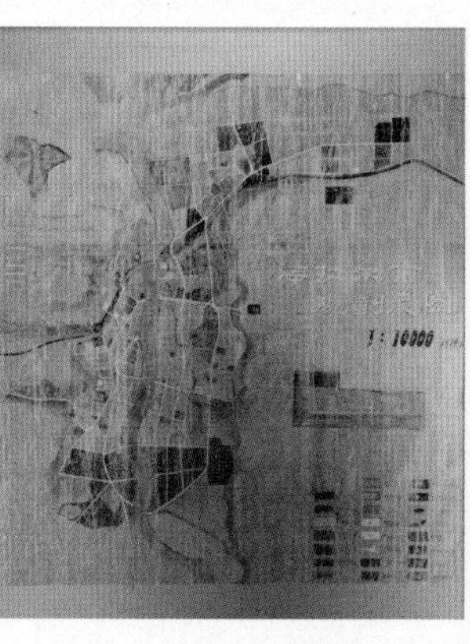

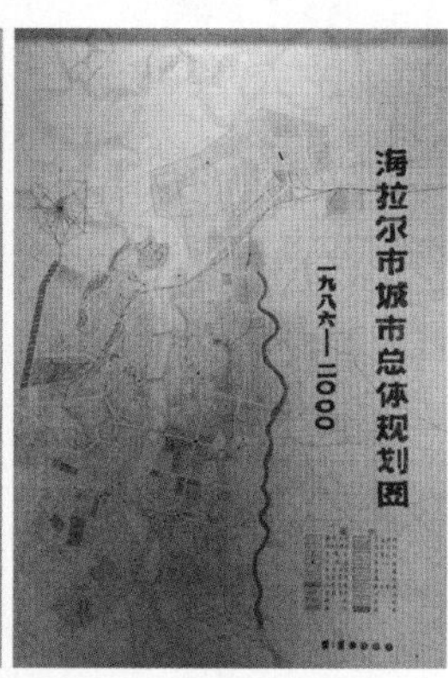

图 4-33　呼伦贝尔市 20 世纪四版总规（1920 年、1961 年、1980 年、1996 年）

海拉尔区三角地原是呼伦贝尔市最为集中的居住地，其中商铺沿街而置，住宅鳞次栉比，一片繁荣而生气勃勃的景象。中央路原是海拉尔区最主要的风貌轴线，盟公署为地标性建筑。

图 4-34　“三角地”原貌

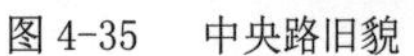

图 4-35　中央路旧貌

图 4-36　盟公署旧貌

如今的呼伦贝尔市，形成“一核两极多节点、两带四轴四板块”的市域空间结构：“一核”，呼伦贝尔都市区，承载全市核心功能，整合与带动全市发展参与区域竞争的主体；“两极”，将满洲里打造成东北亚重要的国际化口岸枢纽，将扎阿莫发展极打造成融入东北振兴、对接哈大齐工业走廊的区域化门户枢纽；“多节点”，以次区域中心城镇和重点镇为支撑，构建市域网络化空间结构的重要节点，是县域经济发展的主要空间载体；“两带”，指国际口岸经济带、扎阿莫经济带；“四轴”，指滨洲线综合发展轴、中部产业发展轴、北部大兴安岭产业发展轴、南部产业发展轴；“四板块”，指中部次区域、岭东次区域、西南次区域、北部次区域。

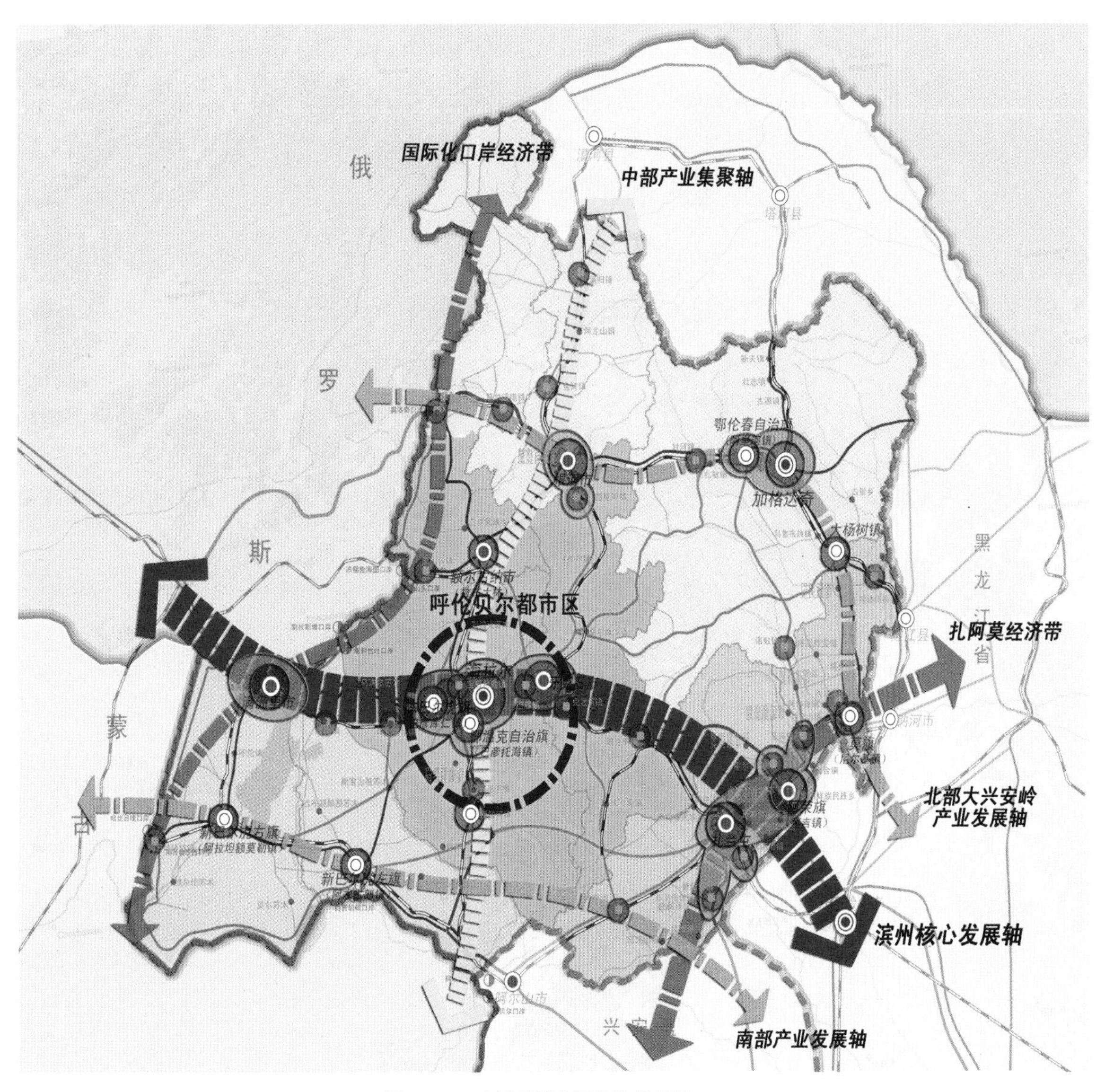

图 4-37　市域城镇空间结构规划图

中心城区“三山环抱、二水中流”的风水格局确定了城市基本空间形态框架，形成了路随山转、水顺城流、显山露水的城市总体自然风貌，并依此确定了“一城、两河、三山、四线、五片、多点”的城市空间形态景观风貌格局。“一城”即由老城片区、新城片区和巴彦托海片区组成的中心城区；“两河”为穿城而过的伊敏河、海拉尔河；“三山”指环抱城区的西山、北山、东山，其共同构成了城市天然的生态本底；“四线”即中央街—胜利大街—机场路等构成的组团中轴线，中央街—胜利大街构成的商业氛围和生活气息浓郁的公共服务轴线，西大街—巴彦托海路、尼尔基路—学府路两条民族风情特色街道，以及东山北部具有现代气息的新城公共服务轴线。“五片”、“多点”为城市风貌有所侧重的不同特色片区及标志性节点。

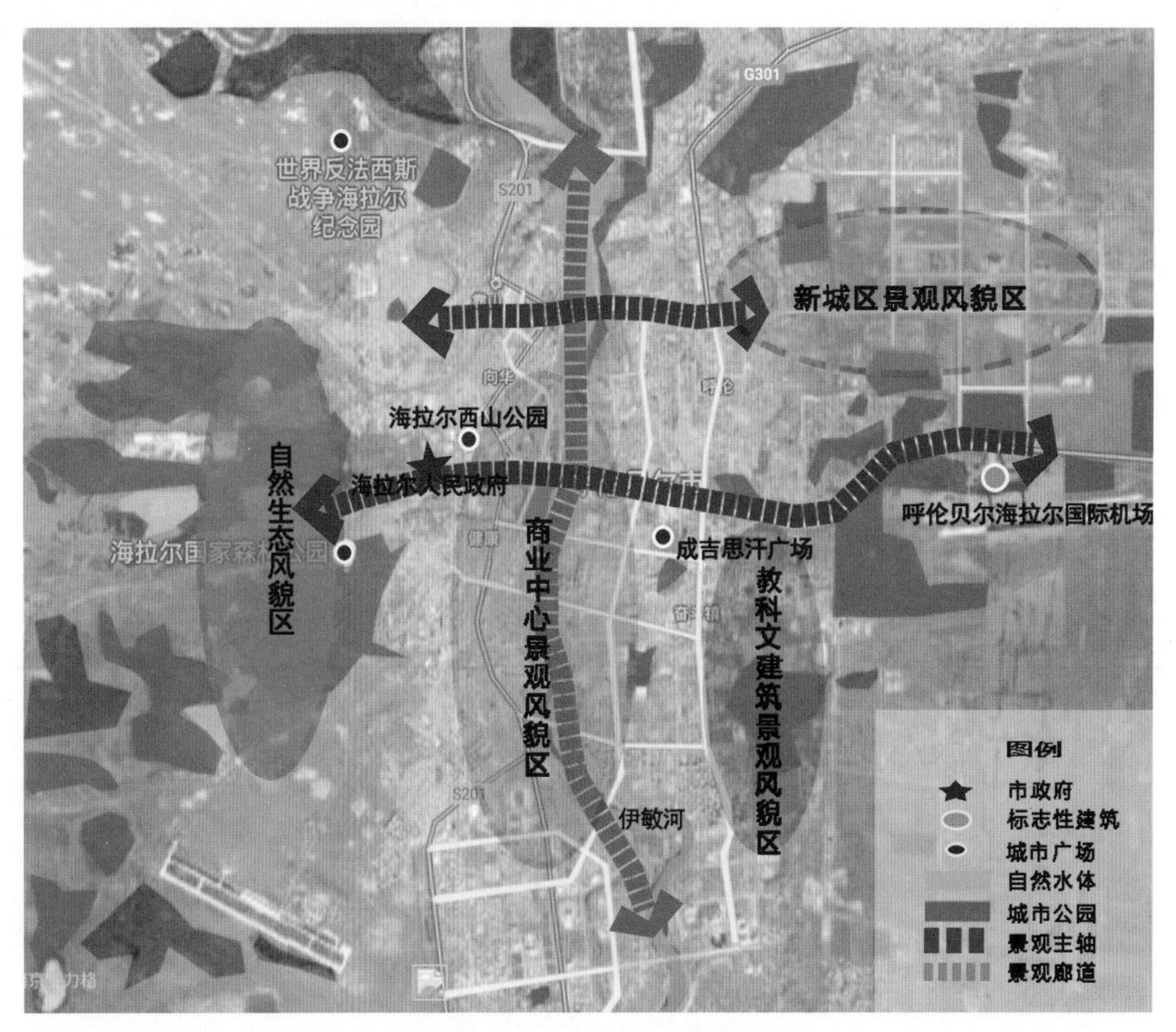

图 4-38 城市风貌空间结构示意图

群山环抱，绿水盘绕的自然条件为中心城区城市风貌奠定了良好的空间基础，独特的地域文化要素为城市风貌注入了多元灵性，“两河圣山、一塔两寺”更是中心城区集自然与人文景观于一体的典型代表。两河圣山景区位于小龙山与敖包山之间、海拉尔河与伊敏河交汇之处，是呼伦贝尔市中心城区风貌之亮点，同时也是俯瞰城区全貌的绝佳瞭望点。“两河圣山、一塔两寺”融合了呼伦贝尔草原游牧民族文化、藏传佛教文化，凸显集丘陵、河流、湿地、草原为一体的自然风光，展示了呼伦贝尔独特的地域自然文化特色。

图 4-39　两河圣山景区

城市天际线：沿伊敏河、海拉尔河、六二六河及东山北部、中部组团的中心城区天际线成为城市轮廓线的代表。其中伊敏河西岸形成的以西山为背景、高低错落的建筑群丰富了城市天际线，沿六二六河的“一湖三馆”成为天际线的焦点。

图 4-40 沿河天际线

图 4-41　中心城区天际线

景观轴线：包括以中央街—胜利大街—机场路、西大街—巴彦托海路、尼尔基路—学府路、东山北部（海拉尔组团）中轴线为主体的道路景观轴线，以伊敏河、海拉尔河为依托的自然生态轴线等景观轴线。

图 4-42　中央街

图 4-43　胜利大街

图 4-44　海拉尔河

图 4-45　伊敏河

城市广场及公园绿地：成吉思汗广场、苏炳文广场、文化公园、西山森林公园、北山森林公园、烈士陵园等开敞空间，共同营造了呼伦贝尔市秀丽的公共空间环境。

图 4-46　河边绿地

图 4-47　成吉思汗广场

图 4-48　成吉思汗广场绿地

特色街区：中心城区内的呼伦贝尔城仿古历史文化街区特色鲜明，文化底蕴丰厚，新建的仿古建筑保留了古城的历史格局与建筑特色。

图 4-49　呼伦贝尔城仿古历史文化街区 1

图 4-50　呼伦贝尔城仿古历史文化街区 2

城市夜景：中心城区形成了以道路、建筑亮化为主体，以开敞空间亮化为衬托，以广告亮化为点缀的夜景、功能、环境协调一体的城市亮化体系。

图 4-51　呼伦贝尔市夜景

雕塑小品：成吉思汗广场雕塑、苏炳文将军雕塑、烈士陵园中苏军烈士雕塑等传统城市标志性雕塑形成了城市雕塑艺术空间。

图 4-52　草原天堂雕塑

图 4-53　苏炳文将军雕塑

建筑风貌：呼伦贝尔市建筑风貌以体现其浓厚的蒙元文化及其他游牧民族文化为宗旨，将鄂伦春、鄂温克、达斡尔等少数民族特有的图案、色彩和传统建筑形式等文化元素融入现代地域建筑设计中，体现了对地域民族文化的传承与革新。建筑风格主要有传统风格建筑、地域气质建筑和现代风格建筑。

传统风格建筑：传统风格建筑主要有明清风格建筑和新中式建筑等。

地域气质建筑：地域气质建筑主要有蒙元文化风格建筑、现代蒙古族建筑、俄式风格建筑、鄂伦春和鄂温克风格建筑、达斡尔风格建筑。

现代风格建筑：适应现代技术和材料而建造的造型简洁、形式反映功能的建筑。

图 4-54　旧行政公署

图 4-55　中东铁路百年站舍

图 4-56　鄂温克宾馆

图 4-57　火车站

图 4-58　规划展览馆

图 4-59　美术馆

图 4-60　一湖四馆

图 4-61 呼伦贝尔市某宾馆

图 4-62 鄂温克博物馆

4.3 呼伦贝尔市城市风貌体系和要素

4.3.1 呼伦贝尔市城市风貌体系

呼伦贝尔市“三山环绕、二水中流”的自然山水格局决定了城市风貌空间形态的总体结构与发展变化。周边丘陵、森林、草原、湿地等成为中心城区塑造城市整体景观风貌的重要自然要素，“青山环抱、碧水绕城、城林合璧、城卧原中”的城市总体特色风貌应运而生。

表 4-1 呼伦贝尔市城市风貌体系

“山”	中心城区在东山、西山、北山三山环抱下形成了簸箕之状，显现出三面环山之势
“水”	境内有伊敏河和海拉尔河两条较大的外入过境河流，两河水域面积为 16.21 平方公里，加上呼伦湖如画的风景，是构成城市水景的重要基础
“林”	以西山、北山森林公园为依托，品种多样的国家珍贵树木及濒危保护植物等构成呼伦贝尔多样的生态系统，是城区园林景观建设的重要支撑
“原”	呼伦贝尔草原是我国保存最完好的草原，草原水草丰美，有“牧草王国”之称

4.3.2 呼伦贝尔市城市风貌要素

呼伦贝尔市“山、水、林、园”的风貌体系，在操作层面则体现在具体的风貌要素上，依照自然、文化和人工子系统的顺序，总结有：自然基底、人工景观、开敞空间、城市天际线、城市色彩、建筑风格、特色街区、空间格局、雕塑小品、城市夜景等。

4.4 结语

“塞外桃源”：呼伦贝尔市地域辽阔，自然风光旖旎，森林、草原、河流、湿地交错分布

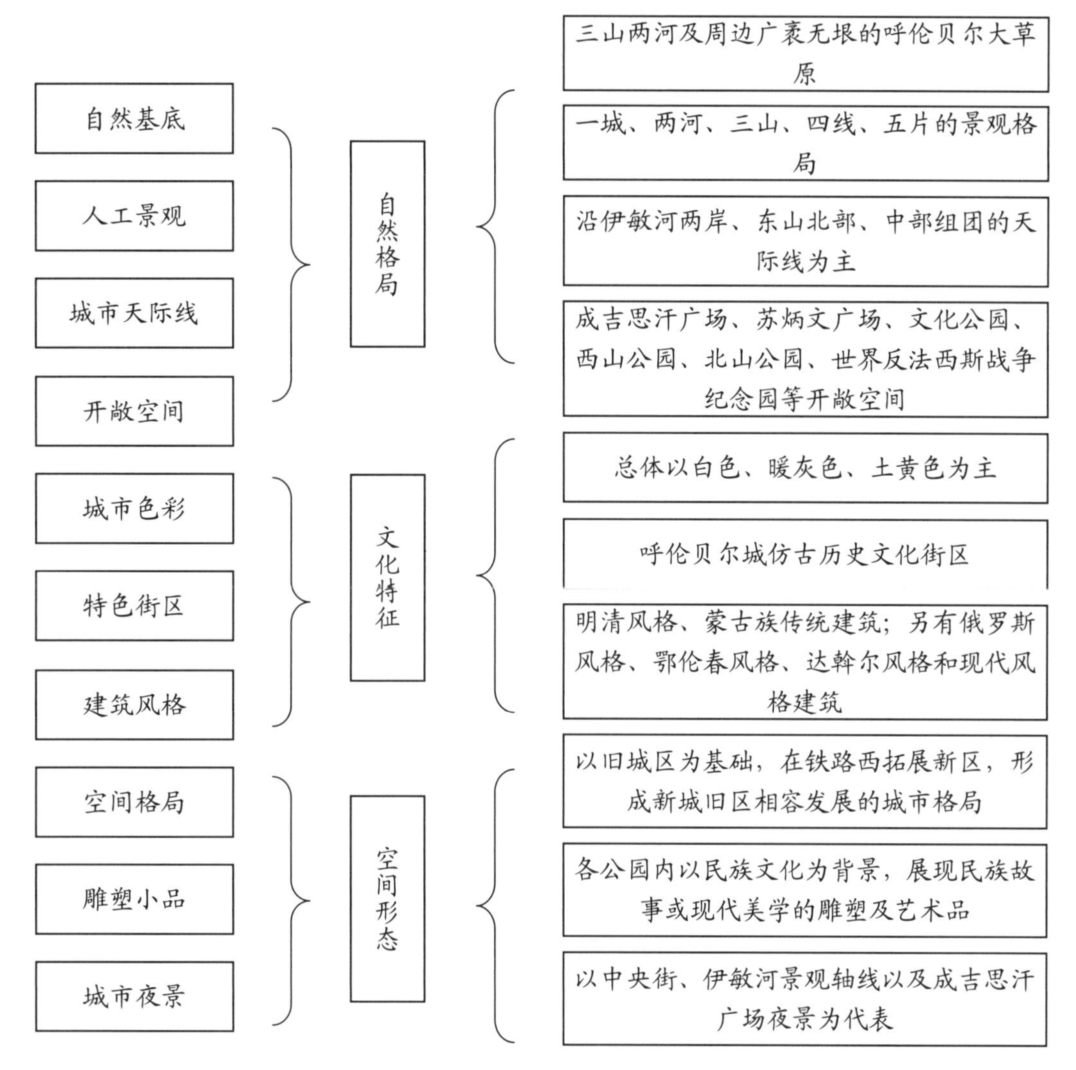

图 4-63　呼伦贝尔市城市风貌要素图

构成呼伦贝尔市风光秀丽的自然生态环境。中心城区“三山环抱，二水中流”，在大山大水的自然本底中，城市有如旷原绿野中的塞外桃源，流露出大自然的无限风光。

“游牧故乡”：呼伦贝尔市以其丰饶的自然资源孕育了中国北方诸多的游牧民族，成为我国北方游牧民族成长的“历史摇篮”。呼伦贝尔市悠久的城市历史、深厚的人文底蕴为城市留下丰富的物质文化遗产，种类繁多的非物质文化遗产延续着多元的历史文化血脉，共同构成了呼伦贝尔市城市风貌的文化源泉。

“古城新韵”：通过融合“大山、大水”的生态环境，挖掘地域文化特色，建设别具风情的城市建筑、历史街区、标志节点、重点片区等风貌展示要素。如今的呼伦贝尔市正逐步构建独具少数民族韵味的草原城市特色风貌。

第 5 章 “山水红城”——兴安盟风貌区

图 5-1 雪中的成吉思汗庙

5.1 兴安盟风貌区概况

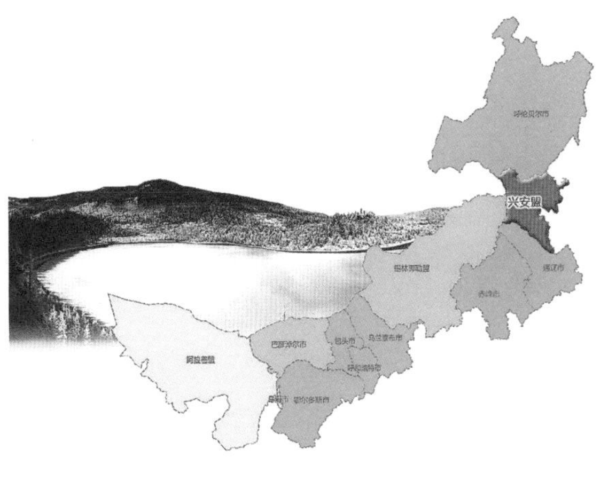

图 5-2 兴安盟区位示意图

兴安盟位于内蒙古自治区东北部，介于东经 100° 13′ ~123° 38′、北纬 44° 14′ ~47° 39′之间；东北、东南分别与黑龙江省、吉林省毗邻，北部、南部、西部分别与呼伦贝尔市、通辽市、锡林郭勒盟相连，西北部与蒙古国接壤，地理位置相对优越。“兴安”为满语，意为丘陵，因其位于大兴安岭东部南麓而得名，是森林资源与水资源相对丰富的盟市。兴安盟是一个以蒙古族为主体的少数民族地区，总面积 5.98 万平方公里。全盟总人口近 165 万，由蒙、汉、朝鲜、回等 20 多个民族组成，境内的蒙古族主要属科尔沁部右翼和扎赉特部。兴安盟现辖 2 个县级市、1 个县、3 个旗：即乌兰浩特市、阿尔山市、突泉县、扎赉特旗、科尔沁右翼前旗、科尔沁右翼中旗。盟政府所在地乌兰浩特市，是全盟政治、经济、交通、文化中心。

图 5-3 乌兰浩特市行政新区鸟瞰图

5.2 兴安盟城市风貌系统构成

兴安盟城市风貌系统包括自然生态景观风貌子系统、历史文化景观风貌子系统、空间形态景观风貌子系统。

5.2.1 自然生态景观风貌子系统——绵延兴安，绿色净土

兴安盟风光绮丽，景色宜人，旅游资源十分丰富。大兴安岭、科尔沁草原、察尔森国家森林公园、科尔沁湿地珍禽自然保护区环境优美；成吉思汗庙、葛根庙民族风情浓郁；避暑胜地乌兰浩特市历史悠久、风光秀丽，是内蒙古自治区北部生态禀赋最好、风水格局最优的中心城市之一。

兴安盟地处大兴安岭中段向松嫩平原过渡带，由西北向东南分为四个地貌类型：中山地带、低山地带、丘陵地带和平原地带，海拔高度 150~1800 米。兴安盟盟域南北长 380 公里，东西宽 320 公里，山地和丘陵占 95% 左右，平原占 5% 左右，被誉为无污染、无公害的“绿色净土”。与地貌特征相关，兴安盟经济区划大致分为林区、牧区、半农半牧区和农区。林区主要集中在大兴安岭主脊线的中山地带，有 7000 多平方公里。牧区主要集中在乌兰毛都低山地带，有 8000 多平方公里。半农半牧区和农区分布在低山丘陵和平原地带，有 45000 多平方公里。

图 5-4　大兴安岭林区

图 5-5　科右中旗草原牧区

图 5-6　扎赉特旗半农半牧区

兴安盟水资源相当丰富，是仅次于呼伦贝尔市的第二大富水地区。境内河流分属黑龙江流域的嫩江水系、额尔古纳河水系，辽河流域的新开河水系以及内陆河流域的乌拉盖河水系。盟域内有绰尔河、洮儿河、归流河、蛟流河、霍林河、哈拉哈河等大小河流 200 多条，大小湖泊 70 多个。全盟流域总面积约 598.06 万公顷，年径流量 49 亿立方米。另外，兴安盟湿地资源丰富，面积约 39.7 万公顷，占全盟土地总面积 6.6%，面积在 120 公顷以上的有 264 块。其中沼泽湿地分布最广，面积 30.9 万公顷，占全盟湿地的 77.8%，主要分布在科右中旗、科右前旗、阿尔山市和扎赉特旗境内。其他还有 7.1 万公顷的河流湿地、1.2 万公顷的湖泊湿地、0.5 万公顷的库塘湿地。

图 5-7 归流河

图 5-8 洮儿河

阿尔山国家森林公园位于内蒙古大兴安岭西南麓。公园内有大兴安岭第一峰特尔美峰（海拔 1711.8 米）和大兴安岭第一湖达尔滨湖；有独具亚洲特色的火山爆发时熔岩流淌凝成的石塘林和天池。阿尔山国家森林公园具有独特的北国风光，其矿泉资源得天独厚，世属罕见，举世闻名，矿泉群集饮用、沐浴、治疗于一体，被称天下奇泉，并拥有“阳光、绿色、空气”三大自然要素。

图 5-9 阿尔山森林公园

图 5-10 阿尔山地质公园

科尔沁国家级自然保护区位于科尔沁右翼中旗境内东北部，是一个以科尔沁草原、湿地生态系统及栖息在这里的鹤类、鹳类等珍稀鸟类为保护对象的综合性自然保护区，在保护区内比较完整地保留着科尔沁草原自然景观的原有面貌。

图牧吉国家级自然保护区位于扎赉特旗的最南端，以“大鸨的故乡”而闻名。来源于洮儿河支流的二龙涛河流经图牧吉自然保护区，这里天高地阔，泡泽连片，水草丰饶，人烟稀少，是鸟类尤其是濒危鸟类得天独厚的栖息繁衍场所，人称“百鸟的乐园”。

图 5-11　特尔美峰

图 5-12　科尔沁国家自然保护区

图 5-13　图牧吉国家自然保护区

图 5-14　五角枫林

5.2.2 历史文化景观风貌子系统——圣山成庙，红流涌动

兴安盟历史悠久，文化特色鲜明，现存的文化遗产主要包括本土蒙古族所特有的民俗文化、历史变迁中留存下来的遗址文化、中国共产党领导的红色文化，以及地域藏传佛教文化等。

民族文化

兴安盟的蒙古族主要是科尔沁部与扎赉特部，他们在这片自然环境优越、物产富饶的林海雪原中长期定居，形成了具有代表性的地域文化风貌。科尔沁部是游牧在祖国东北疆草原的强大部落，历史上的科尔沁草原水草丰美、资源富足，曾是中国四大草原之一，也是元太祖成吉思汗授予其三弟帖木哥斡赤斤的封地。科尔沁草原地域广阔，包括现在的兴安盟全境、通辽北部及赤峰东部的广大地区，处于西拉木伦河西岸和老哈河之间的三角地带。科尔沁部作为成吉思汗时期的“大后方”和“兵工厂”，为蒙古骑兵称雄欧亚立下了卓越的功勋。科尔沁，是鲜卑语的音译，意思是“造弓箭者”、“射手”。兴安盟草原是一个人杰地灵、英雄辈出的地方，蒙古四杰之一鲁国王木华黎便出自于此。

图 5-15 科尔沁蒙古族安代舞

图 5-16 扎赉特蒙古族祭敖包

明万历年间，成吉思汗弟哈布图哈萨尔第十五世孙博第达喇将科尔沁部以河划界，分给自己的儿子们做牧地，其九子阿敏分得嫩江以西的绰尔河流域，始称扎赉特部。1624 年阿敏之子蒙衮随科尔沁台吉奥巴降后金，赐号达尔汗和硕齐，徙牧于嫩江西岸，后隶属内蒙古哲里木盟（今通辽）科尔沁右翼。1648 年（顺治五年），叙功追封固山贝子，改扎赉特部为扎赉特旗建制。今兴安盟扎赉特旗、黑龙江齐齐哈尔市泰来县曾均属原扎赉特王府属地。

兴安盟历史文化与民族风俗种类多样，特点鲜明。不论是在音乐厅、剧场的大型演出，或是在街头巷尾的即兴演奏，都是构成城镇特色文化风貌景观的亮点所在。

图 5-17 科尔沁乌力格尔表演

图 5-18 太极拳晨练

图 5-19 抽陀螺

图 5-20 街头微型足球场

遗址文化

兴安盟有着悠久的历史文化。春秋战国时期到秦代，这里是东胡人的游牧之地，汉、魏、晋时期为鲜卑属地，南北朝时期为室韦地。隋唐时期，该地区分别隶属于室韦、松漠、饶乐三个都督府。辽代为上京道泰州辖地，金代为临潢府泰州辖地。元代，兴安盟地区归辽阳行省州所辖。元太祖成吉思汗在统一北方后，分封近戚功臣，兴安盟一带为其三弟帖木哥斡赤斤的封地。明朝归泰宁卫管辖，清代为科尔沁部属地。1931~1945 年间，侵华日军派驻大量部队驻扎兴安盟，一方面疯狂掠夺森林资源，另一方面采取残暴手段迫使兴安地区人民修筑战争设施，妄图将兴安地区彻底割裂。

兴安盟境内的历史文化遗址主要包括金界壕遗址、吐列毛杜古城遗址、图什业图王府遗址、侵华日军阿尔山要塞遗址以及成吉思汗庙等。

金界壕又称金长城、兀术长城，始建于金太宗天会年间，东北向西南贯穿盟境，是规模宏大的古代军事防御工程。其构筑别具一格，由外壕、主墙、内壕、副墙组成，主墙墙高 5~6 米，界壕宽 30~60 米，主墙每 60~80 米筑有马面，每 5~10 公里筑一边堡。金界壕遗址于 2001 年被公布为第五批全国重点文物保护单位。

图 5-21　兴安盟境内金界壕 1

图 5-22　兴安盟境内金界壕 2

吐列毛杜古城遗址位于科尔沁右翼中旗，始建于金代，是沟通内蒙古高原与松嫩平原的交通要道。吐列毛杜城，即金代乌古敌烈统军司，后改称招讨司。吐列毛杜古城分东、西两座。西城呈长方形，周长为 2382 米，有角楼、马面、水井遗迹，曾出土陶瓷片、铜钱、铁器等文物。2013 年被国务院核定公布为第七批全国重点文物保护单位。

图什业图王府是在图什业图札萨克第十三世亲王巴宝多尔济执政期间，在距离科右中旗政

图 5-23 吐列毛杜古城遗址

图 5-24 图什业图王府

府所在地巴彦呼舒镇东北 20 公里的代钦塔拉修建的，距今已有 130 余年的历史。王府在选址和设计上颇花费心思，这里北靠五头山，南视代钦哈嘎湖，左傍额木庭高勒河，右依查干础鲁慢坡，王府坐落于其间，可谓是顺应“地灵人杰”之说。同时，王府的整体形制模仿北京紫禁城，采用三进四合院，房屋共 98 间。图什业图王府凝聚了草原劳动人民的勤劳和智慧，是一处神奇与辉煌的王府建筑群。

侵华日军阿尔山要塞遗址始建于1935~1945年，位于阿尔山市。由花炮台阵地、五叉沟机场、南兴安隧道、碉堡、阿尔山车站等组成。要塞遗址是抗日战争期间遗存的日军中蒙边境防线重要的历史建筑，2015 年 8 月，入选国务院公布第二批 100 处国家级抗战纪念设施、遗址名录。

图 5-25 南兴安日军隧道碉堡

图 5-26 阿尔山火车站

成吉思汗庙坐落在乌兰浩特市罕山之巅，由蒙古族耐勒尔设计，1940 年动工修建，该庙坐北朝南，正面呈“山”字形；融汉、蒙、藏三个民族建筑风格。正殿当中有 16 根粗大的红漆明柱，四周绘有描述成吉思汗丰功伟业的图画，中央为 2.8 米高的成吉思汗铜像，山门到正殿有宽 10 米、长 158 米的花岗石砌成的 81 级台阶。2006 年 5 月，成吉思汗庙被核定为第六批全国重点文物保护单位。

图 5-27　成吉思汗庙

红色文化

红色文化，是中国共产党人在中华民族优秀传统文化的基础上，领导中国人民在长期的革命和建设实践中创立和总结出来的先进文化。红色文化，具有强烈的精神效应，它传递的是一种积极的精神、一种崇高的理想、一种坚定的信仰。同时，又具有强烈的社会实践效应，它激励了一代又一代中华儿女为理想和信仰拼搏奋斗。

1946 年 1 月，内蒙古东部一些民族上进人士，在兴安盟的葛根庙召开东蒙人民代表大会，宣布成立东蒙自治政府，并建立东蒙自治军。1947 年 5 月 1 日，内蒙古自治政府在王爷庙正式成立，乌兰夫当选为首任政府主席。5 月 30 日，内蒙古自治政府颁布第一号布告，公布自治政府第一次政府委员会议决定：5 月 1 日为内蒙古自治政府成立纪念日；内蒙古自治政府所在地暂设于兴安盟王爷庙，王爷庙改称乌兰浩特市。

乌兰浩特现有“五一大会”旧址、内蒙古党委旧址、内蒙古自治政府旧址、乌兰夫办公旧址、“五一广场”、巴拉格歹烈士墓、索伦革命烈士墓、乌兰浩特烈士陵园、巴拉格歹努图克旧址等 14 处珍贵的红色历史遗存。

藏传佛教文化

兴安盟藏传佛教寺庙多是清朝所建，喇嘛教于金天聪四年（1630 年）传入兴安盟，史称黄教（格鲁派），主要传教者是内齐托音博克达喇嘛。是年，内齐托音及其随行 30 名弟子徒步东行，途经察哈尔、翁牛特、敖汉、奈曼，到盛京（今沈阳市）觐见太宗皇太极，请求前往东蒙

图 5-28　内蒙古党委办公旧址

图 5-29　内蒙古自治区政府办公旧址

图 5-30　乌兰夫办公旧址

图 5-31　五一会址

古地区传教，皇太极旨准。内齐托音等人最先到科右中旗，受到土谢图汗奥巴、土谢图亲王巴达礼的接待。随后，内齐托音又率众弟子前往科右前旗、科右后旗、扎赉特旗等科尔沁大部分地区，广泛传播藏传佛教，获得了各旗札萨克王公贵族们的支持。据史书记载，

图 5-32　巴音和硕庙

巴音和硕庙又称遐福寺，蒙古语称“黑帝苏莫”，又作“黑帝庙”，意为佛寺。位于科右中旗巴彦呼舒镇，建于顺治初年，是典型的汉藏结合式寺庙，庙后院有一座高达 21 米的白塔，曰“菩提塔”。

图 5-33　陶赖图葛根庙

陶赖图葛根庙建于清嘉庆元年，是由原哲里木盟（今通辽）10 旗王公筹集资金，在礼萨克图旗境兴建此庙。葛根庙是东北地区最大的喇嘛庙，仿西藏斯热捷布桑庙式样的寺庙群，总面积 6 万多平方米。

盟域内曾有 30 余座藏传佛教寺庙，其中较为著名的共有 4 座，即位于科尔沁右翼中旗的巴音和硕庙、位于乌兰浩特市的陶赖图葛根庙、位于科尔沁右翼前旗的王爷庙和位于扎赉特旗的昂格日庙。

5.2.3 空间形态景观风貌子系统——山水相依，城林交融

根据兴安盟人口与城市的分布特征、交通条件、区位条件、经济发展、旅游发展的情况，城市布局可归纳为“一体两翼双中心”的整体空间结构。阿尔山、科尔沁右翼前旗和乌兰浩特市三者一体化发展，形成阿科乌发展共同体，全力将其塑造成全盟城市发展轴心。扎赉特旗和科尔沁右翼中旗的生态和自然景观资源在兴安盟十分突出，在国内也占有重要地位，作为全盟旅游发展的战略性支撑点，构建起兴安盟丰富完整的旅游网络格局。乌兰浩特市是全盟蒙元文化旅游、红色旅游和城市休闲旅游基地，是内蒙古草原地区交通枢纽城市之一。

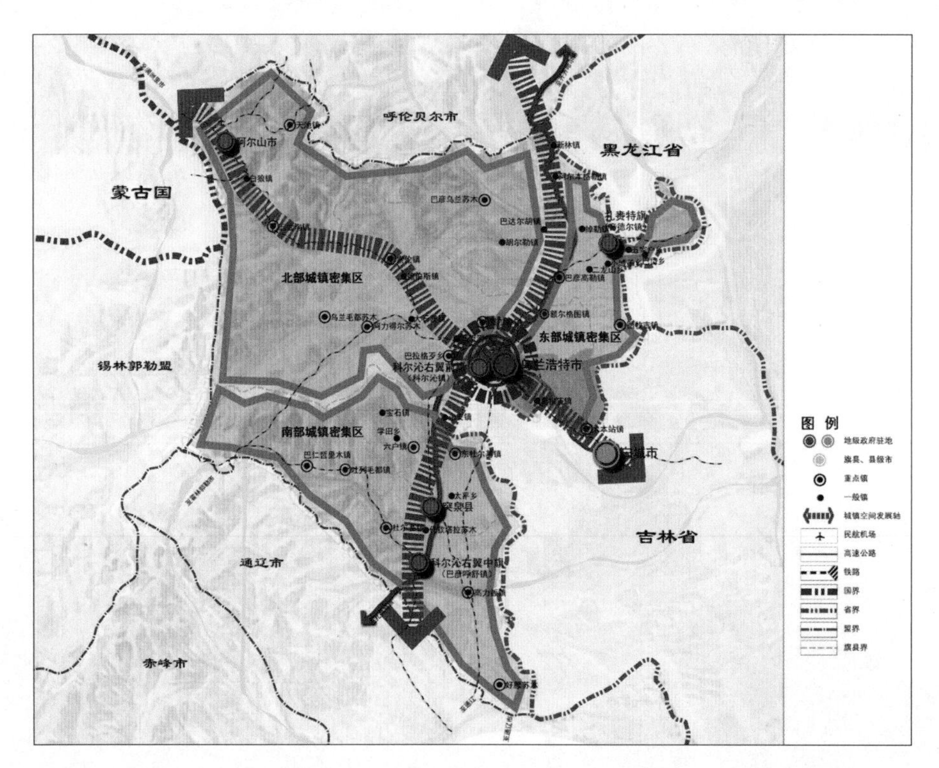

图 5-34　盟域城镇体系空间结构示意图

乌兰浩特市——归流河畔、塞外红城

乌兰浩特市位于兴安盟东部，大兴安岭南麓，行政区划总面积 2360 平方公里。乌兰浩特城区是内蒙古自治区兴安盟行政公署所在地，为兴安盟政治、经济、文化、交通中心。其中

心城区面积约 23 平方公里，下辖都林、铁西、胜利、兴安、和平、爱国、五一、永联 8 个街道办事处以及乌兰哈达、葛根庙二镇，户籍人口总计 30.44 万人。

乌兰浩特市史称“王爷庙”，是札萨克图旗第三代郡王鄂齐尔修建的家庙所在地。古时对其选址便十分考究，此地背山面水向阳，是十足的风水宝地。其中心城区背靠罕山，东部紧邻簸箕山，西部倚靠大黑山，大兴安岭作为城市天际线的背景而显得苍劲有力。城区自北向南有归流河、洮儿河两河穿城而过，可谓是“前有照，后有靠”，山水形成“二龙戏珠”之势。

如今的乌兰浩特市结合得天独厚的自然要素，营造出独具匠心的城市特色风貌。其总体城市风貌框架为以罕山公园和乌兰牧骑宫为新、老城区的风貌核心，以洮儿河、归流河滨水廊道为风貌轴线，以城市周边丘陵山地为生态绿圈，以兴安路、都林街、罕山街、五一路为主要风貌视廊的结构体系。

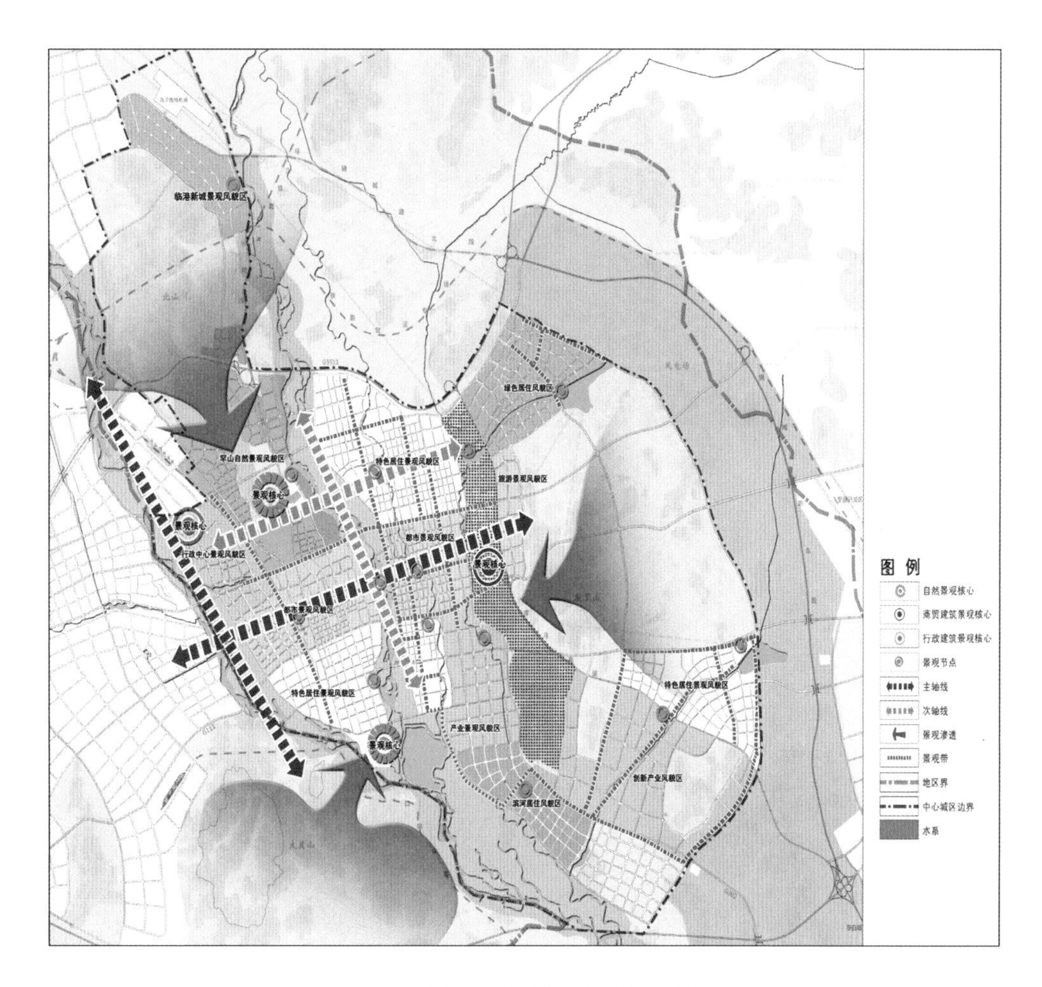

图 5-35　城市景观风貌结构示意图

图 5-36　乌兰浩特城市天际线

图 5-37　从罕山鸟瞰乌兰浩特

图 5-38 洮儿河两岸的城市

城市景观轴线：乌兰浩特市景观风貌轴线形成“三纵一横一点”的总体格局，即以罕山成吉思汗公园为起点向东南沿兴安路延伸的纵轴；以罕山街为依托联系乌兰浩特与科右前旗东西向延伸的横轴；以归流河、沿洮儿滨河廊道为依托，东、西两条向东南延伸的河道景观纵轴；以成吉思汗庙为视觉原点自北向东南、西南远眺的风貌视廊。

图 5-39　归流河滨河景观带

图 5-40　洮儿河滨河景观带

图 5-41　成吉思汗庙轴线

图 5-42　罕山街轴线

城市开敞空间：乌兰浩特市内开敞空间主要包括五一广场、市政府前行政广场、乌兰牧骑广场，以及罕山公园、中心公园，归流河、洮儿河两岸滨水公园。上述空间功能与形态结合周边自然环境特征，营造了乌兰浩特市优良的公共空间环境。

图 5-43　行政广场

图 5-44　科尔沁公园

图 5-45　罕山成吉思汗公园

图 5-46　科右前旗人民政府广场

城市夜景亮化：近年，乌兰浩特市重点塑造“两轴一区”的夜景亮化，即以归流河、洮儿河两岸滨水景观带为轴，以盟行署周边公共服务建筑为重点片区，形成现代气息、休闲漫步气氛浓郁且色彩活泼的城市夜景形象。

图5-47 新区夜景

图5-48 滨河夜景亮化

图 5-49　乌兰牧骑宫夜景

城市雕塑小品：乌兰浩特市打造了许多文化气息浓郁并具有代表意义的城市雕塑小品，体现着红城人民的精神风貌。

图 5-50　自治区成立纪念雕塑

图 5-51　科尔沁公园雕塑

图 5-52　圣旨金牌公园雕塑

标志建筑风貌： 乌兰浩特市有着传承悠久的历史和多元民族融合的文化背景，其传统文化为典型的游牧文化与农耕文化的结合，并深受藏传佛教等宗教文化的影响；同时，作为盟署所在地，不论是有着八十多年历史的成吉思汗庙，还是自治区成立之初的五一会址、乌兰夫办公旧址等，抑或当代新理念、新技术下的公共建筑，均可成为城市建设风貌宣传的靓丽名片。其建筑风格主要有传统风格建筑、地域气质建筑和现代风格建筑。

传统风格建筑： 传统风格建筑主要有日伪时期建筑、近代风格建筑等。

地域气质建筑： 地域气质建筑主要有古典式蒙古族风格建筑、现代蒙古族建筑、蒙藏式建筑、伊斯兰风格建筑等。

现代风格建筑： 适应现代技术和材料而建造的造型简洁、形式反映功能的建筑等。

图 5-53　成吉思汗庙

图 5-54　民族解放纪念馆

图 5-55　机场候机楼

图 5-56　城市生活馆

图 5-57　体育馆

图 5-58　乌兰浩特市政府

图 5-59　科右前旗政府

图 5-60　兴安盟某办公楼

图 5-61　科右前旗文化中心

图 5-62　乌兰牧骑宫

5.3 兴安盟城市风貌体系和要素

5.3.1 兴安盟城市风貌体系

基于以上自然环境、文化景观和城市建设三个方面子系统的分析，确定以“山、水、林、城”为基本框架构建乌兰浩特市城市风貌体系的整体格局：乌兰浩特市史称“王爷庙”，古时建城选址十分考究。其背靠罕山，周边群山环绕，归流河、洮儿河水系穿城而过，所谓“前有照、后有靠”，山水格局有着“二龙戏珠”的美誉。同时，良好的自然生态环境决定了乌兰浩特市周边绿荫环抱、鸟语花香，为上佳的风水宝地。

表 5-1　兴安盟城市风貌体系

“山”	罕山、敖包山、神骏山等低山丘陵为城区整体景观的构建提供了雄浑的背景与活跃的元素
“水”	由归流河、洮儿河等水系形成的河流网络，是乌兰浩特良好环境的生态本底，也是营造城区水景的灵气所在
“林”	城区外围山地有着极为良好的植被覆盖，大片的森林构成了乌兰浩特美丽富饶生态本底。中心城区的公园、苗圃、滨水空间内也有着自然生长的林地灌木，其是城区园林景观建设的重要依托
“城”	城市在由山、水、林环绕的盆地中延展开来，以归流河、洮儿河将城区切分，形成独具特色的空间结构

在此优良的山水格局中，古老的游牧文明、农耕文明与现代城市文明融会贯通，草原风情与多民族风情相依共存。城市风貌中既保留着草原城市独特的亲近自然与舒朗大气，又有着多民族聚居区形成的丰富而独特的文化特性。

5.3.2 兴安盟城市风貌要素

兴安盟城市“山、水、林、城”的风貌体系，在操作层面则体现在具体的风貌要素上，依照自然环境、文化景观和城市建设子系统的顺序总结有：自然基底、人工景观、开敞空间、城市天际线、城市色彩、建筑风格、历史街区、空间格局、雕塑小品等。

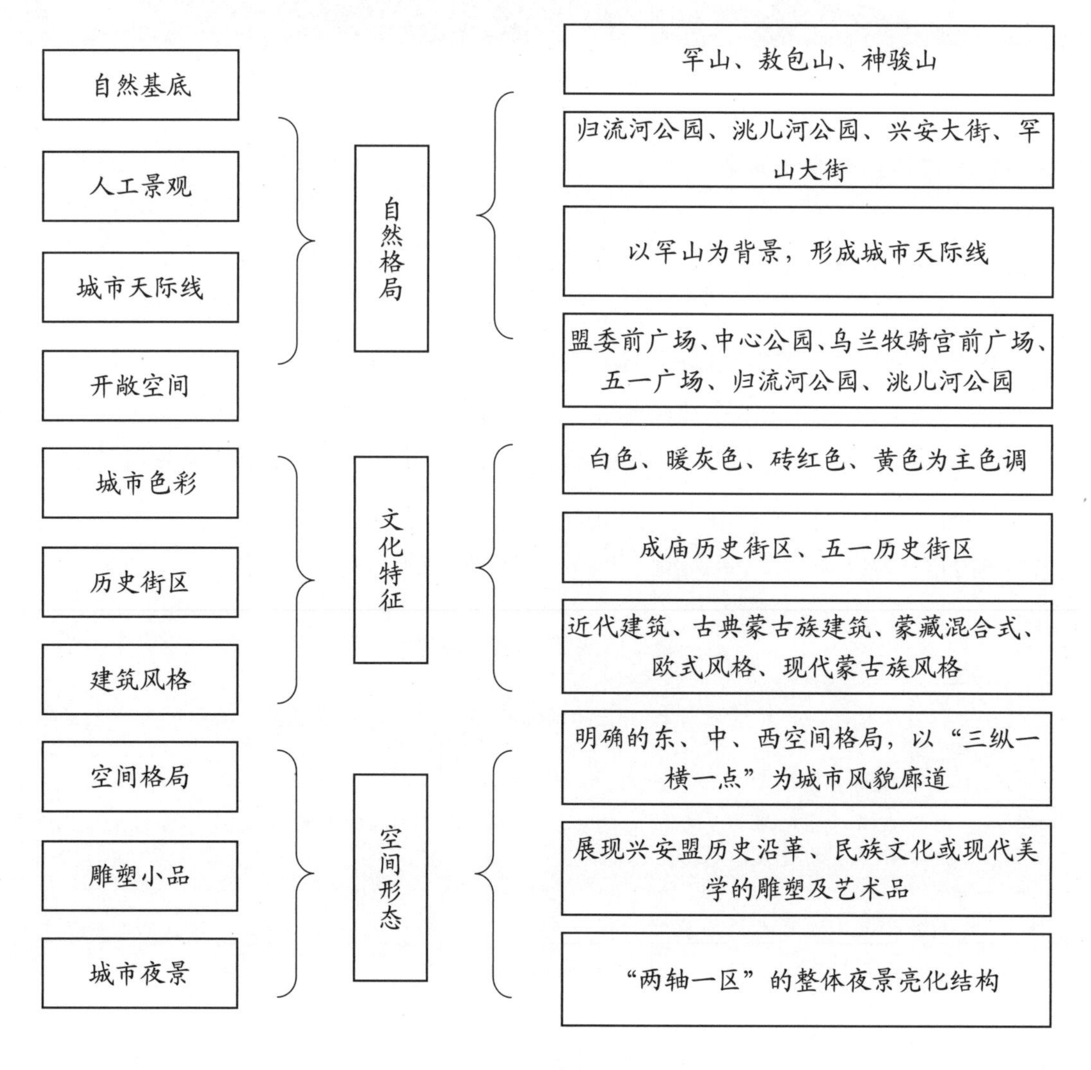

图 5-63　兴安盟城市风貌要素图

5.4 结语

乌兰浩特市作为兴安盟行署所在地，承载着地区政治、经济、文化等多种职能，在既往的城市现代化发展与快速建设过程中，取得了卓越的发展成就，奠定了城市风貌的总体基调。

“绵延兴安，绿色净土”：乌兰浩特市所处的优越的山水环境成为塑造城市风貌的自然本底。中心城区依山傍水筑城：背靠罕山，东部紧邻簸箕山，西部倚靠大黑山，东西横跨两河，在充分发挥显山露水的城市自然生态风貌前提下，与人工景观有机结合，形成了极具风貌特色的城市格局。

“圣山成庙，红流涌动”：乌兰浩特市以蒙东红色文化发祥地为根本，以成吉思汗庙为名片，依托多元文化融合的历史脉络，兼具民族文化、历史文化、红色文化、宗教文化和现代科技文化等多重个性文化特质。不同历史时期形成的文化特质以物质或非物质遗存的形态影响着城市居民日常生活和城市风貌的形成与发展。

“山水相依，城林交融”：乌兰浩特市应顺应“群山环绕、二龙戏珠”的城市风水格局与塞外红城的风貌基调，充分发挥自然环境所赋予的先天禀赋，塑造了良好的城市空间结构基础，形成了独具特色的城市风貌。

第6章 “敖包圣地”——通辽市风貌区

图 6-1 西辽河全景图

6.1 通辽市风貌区概况

通辽市位于内蒙古自治区东部，曾先后是东胡、鲜卑、契丹、蒙古等部族的游牧地区，是蒙古民族的发祥地之一，随着汉族农耕文化的迁入和科尔沁草原的开垦而形成，全市大部原为清朝科尔沁部落的驻地。1636 年（清朝崇德元年）建哲里木盟，1914 年建通辽镇，1999 年 10 月，撤销地级哲里木盟建制，成立地级通辽市。

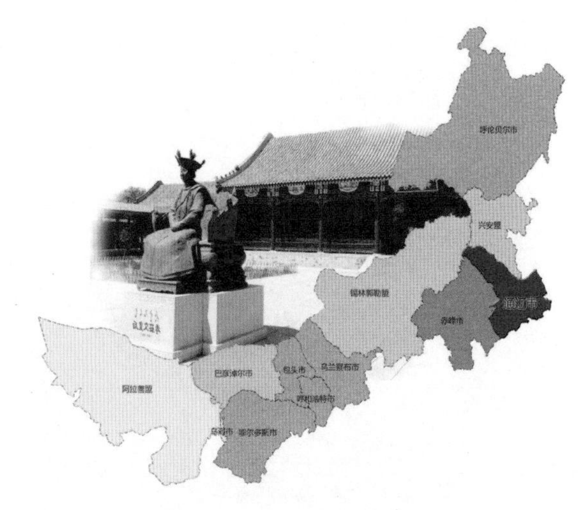

图 6-2　通辽市区位示意图

通辽市市域面积 5.95 万平方公里，中心城区面积 111.67 平方公里，境内居住着蒙、汉、满、回、朝鲜、达斡尔等 32 个民族。现市域常住人口 313.9 万人，其中蒙古族人口 144 万人，约占自治区蒙古族总人口的 1/3，是我国蒙古族人口最集中的地区。其现辖 1 个区（科尔沁

图 6-3　新世纪大桥

区）、1 个县级市（霍林郭勒市）、1 个县（开鲁县）、5 个旗（科尔沁左翼中旗、科尔沁左翼后旗、库伦旗、奈曼旗、扎鲁特旗）、1 个经济技术开发区。

通辽市历史文明源远流长，境内历史文物古迹众多，物质与非物质文化遗产丰富，为中国草原文化名城。通辽市地处东北和华北地区的交会处，地理位置优越，是联络环渤海经济圈和东北经济区的重要枢纽城市，也是内蒙古对接东北经济区的前沿阵地。

6.2 通辽市城市风貌系统构成

通辽市城市风貌系统包括城市自然生态景观风貌子系统、历史文化景观风貌子系统和空间形态景观风貌子系统。

6.2.1 自然生态景观风貌子系统——草茂水美

通辽市地处松辽平原西端，属蒙古高原递降到低山丘陵和倾斜冲积平原地带，科尔沁草原绵延其境，西辽河自东北向西南穿流而过，地理位置十分优越，形成山地、草原、森林、沙漠等多样地貌。其河川众多，水草丰美，原始泉河与植被交相辉映，创造出以大青沟等为代表的独特自然景观，构成良好的生态基底。中心城区中辽河公园、孝庄河、胜利河等自然河流与人工水渠交相辉映，营造了生机勃勃的水岸景观，形成了宜居的城市自然生态景观环境。

图 6-4　青龙山洼

图 6-5　大青沟

图 6-6 珠日河草原

图 6-7 奈曼沙漠

图 6-8 西辽河

图 6-9 孝庄河

图 6-10 胜利河

6.2.2 历史文化景观风貌子系统——古韵绵长

通辽市历史文化漫长而悠久，由于地处松辽平原农牧交错带，农业文明与游牧文明的相互交织、蒙元文化与汉族文化的不断交融、现代文明与传统风俗的相互促进构成独具特色而精彩纷呈的历史文化风貌。

境内现存金界壕、豫州城遗址等古遗址，已出土的陈国公主墓志铭以及百万年前第四纪冰川期形成的地质奇观冰臼群，历史价值极高；通辽市是清代国母孝庄文皇后、爱国将领僧格林沁、民族英雄嘎达梅林的故里，现存的孝庄园、奈曼王府等均是宝贵的人文古迹；作为蒙东地区受宗教影响较为深远的地区，藏传佛教文化、伊斯兰文化在此得以生根发芽，并相继诞生了库伦三大寺、吉祥密乘大乐林寺、圆通寺、伊斯兰清真寺等众多外观精美、保存完好的宗教建筑，具有极高的历史价值。

图 6-11 金界壕遗址

金代界壕，为中国金代在北方边境兴建的防御工程遗迹，约 40 公里，属第二道（北线）金界壕，是防止北方游牧民族南下而挖掘的壕沟。

图 6-12 豫州城遗址

豫州城遗址，位于通辽市扎鲁特旗，是我国保存很好的辽代城址之一。同时，这里挖掘出了至今我国位置最北、墓葬数量最多、发掘面积最大、获取材料最为丰富的一处新石器晚期的大型墓葬群。

图 6-13 陈国公主墓志铭

陈国公主墓志铭为通辽市发掘众多的辽墓中唯一出土的墓志，补充了《辽史》记载中的不足，为考据辽代历史提供了重要实物依据。

图 6-14 马拉嘎冰川遗迹

“马拉嘎”蒙古语意为帽子，因山形酷似帽子而得名，山势高耸，地势险要，怪石林立。现存大面积的第四纪冰川遗迹——冰臼。

图 6-15　奈曼王府

图 6-16　孝庄园

图 6-17　库伦三大寺

图 6-18　吉祥密乘大乐林寺

图 6-19　圆通寺

图 6-20　清真寺

通辽市作为自治区蒙古族最为集中的聚居区，其蒙古族的传统习俗、文化艺术得以较好的传承与保护。安代舞起源于明末清初的科尔沁草原库伦旗，是由萨满教舞蹈逐渐转变而来，成为节庆活动中表达欢乐情绪的民族民间舞蹈。另外还有哲里木版画、乌利格尔等民族特色文化和艺术活动，为城市注入了别样的艺术气息。同时，受东北地区民间风俗的影响，秧歌舞、交际舞、健身操等富有艺术感染力的街头文化活动，也为通辽市城市文化风貌带来了多元的活力。

图 6-21　安代舞表演

安代舞明末清初发祥于库伦旗，为“抬起头来”之意。含有祈求神灵庇护、祛魔消灾之意，后演变成为表达欢乐情绪的民族民间舞蹈。

图 6-22　哲里木版画展览

哲里木版画崛起于 20 世纪 50 年代，作品多取材于劳动人民生产和生活，内容写实，风格质朴，线条粗犷，色彩鲜艳，地方特色浓郁。

图 6-23　乌利格尔表演

图 6-24　秧歌舞

图 6-25　健身操

图 6-26　交际舞

6.2.3 空间形态景观风貌子系统——城景相依

通辽建镇于 1914 年，镇基位于西辽河南侧，四洮铁路线北侧；1958 年国家投资东郊兴建通辽热电厂，城市空间向东增长；1977 年西辽河大桥建成通车，且考虑到霍林河煤矿对于电力的需求，国家投资在通辽西北方向建设通辽发电总厂，故城市向西北跨河发展，此期间火车站规模的扩张也带动了所在片区的发展；1984~1995 年铁路不断完善，并带动河西镇区和通辽西北部工业园区建设，2004 年工业园区的落成使得城市空间形态进一步向东扩展；2006 年市行政中心逐步迁往辽河北岸的新城区，城市空间增长实现了向河北地区的跨越式发展。综上，城市空间演变经历了在重大工业项目和重要交通设施带动下的由沿铁路发展，向跨河发展的空间转变，形成重点向北向东发展、西部南部重点优化的发展格局。

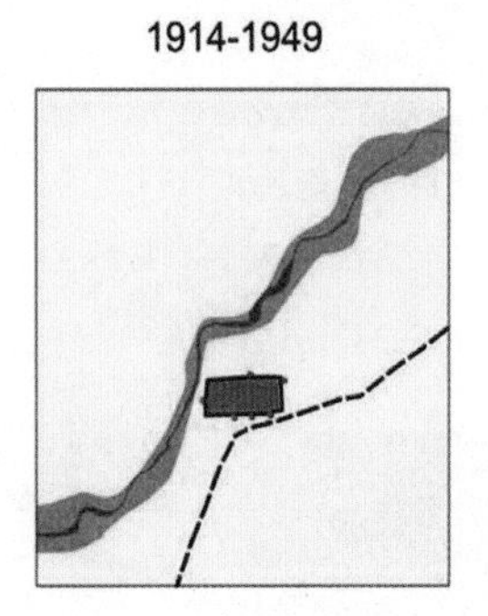

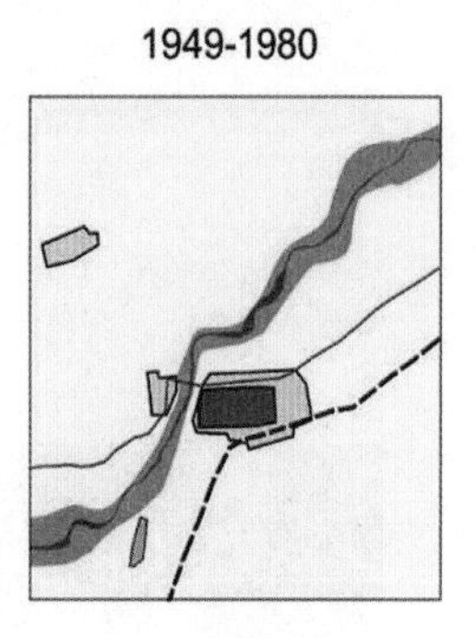

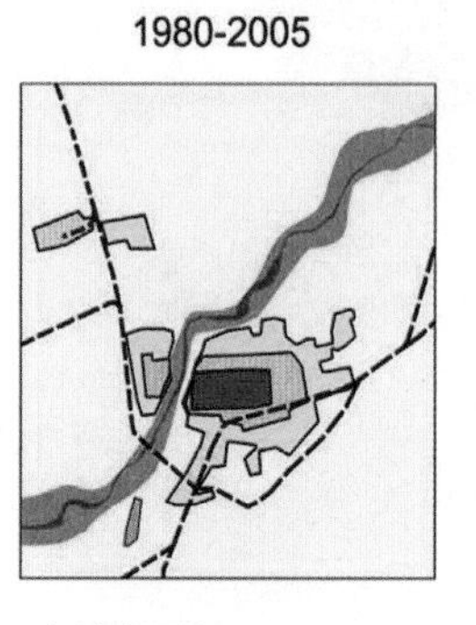

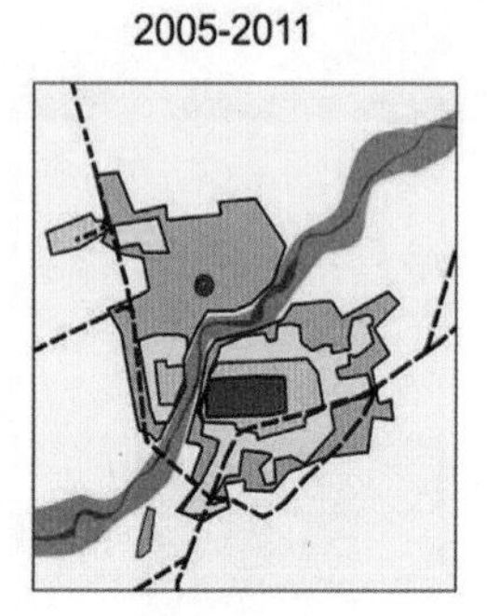

图 6-27　城市形态演变历程

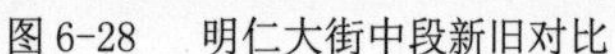

图 6-28　明仁大街中段新旧对比

图 6-29　站前广场新旧对比

受地形和区位条件影响，通辽市域城镇发展水平基本呈现中间高南北低，以中心城区和各旗县中心镇区为核心，节点集聚的空间分布格局。其他城镇多沿主要交通干线呈带状分布，形成“横纵双轴”的格局，其中东西向横轴为中部冲积平原地区的城镇发展轴，沿国道 304 的南北纵向交通轴上部分城镇初步呈现节点集聚态势。针对通辽市域城镇空间分布和发展阶段的特点，根据不同片区城镇发展现状做大做强，带动片区发展的核心增长极，并依托主要交通干线培育重点镇，“以点串线”，形成“一核双心多点，一轴一带三区”的空间结构。

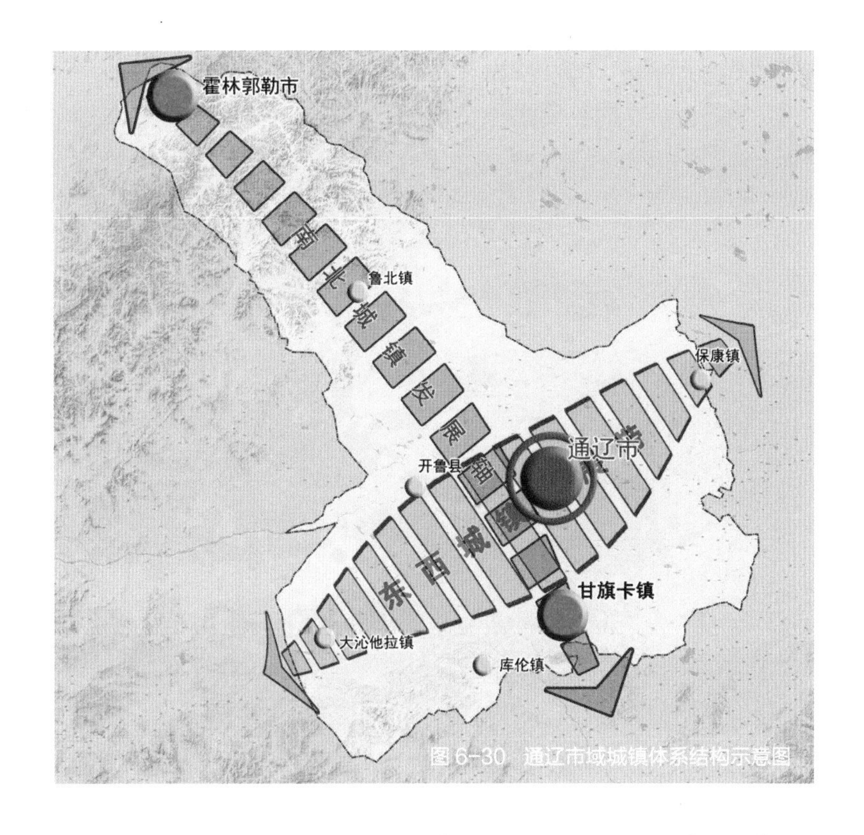

图 6-30 通辽市域城镇体系结构示意图

目前，通辽市中心城区城市风貌景观结构为“三轴、三核、两带”。“三轴”分别是沿甘旗卡路、成吉思汗大道—胜利路—民航路、新工四路的南北延伸的景观轴线；“三核”是以高新技术产业园区为中心的综合商贸物流景观风貌核心区、以新城行政广场为中心的行政文化景观核心区和以城东滨河生态公园为中心的生态景观核心区；“两带”则为西辽

图 6-31 通辽市中心城区城市风貌空间结构示意图

河生态景观带和孝庄河—胜利河生态景观带。同时，中心城区风貌还以吉祥密乘大乐林寺、圆通寺、彩虹桥、新世纪大桥、马头琴雕塑等具有代表性的特色建筑或构筑物节点加以补充，呈现出通辽完整的城市空间形态风貌结构体系。

城市天际线：中心城区西辽河穿境而过，成为通辽城市天际线的前景铺垫。东西两岸极具地域风格特色的建筑错落有致、交相呼应，共同打造了通辽丰富的城市天际线。

图 6-32 西辽河城市天际线

图 6-33 新区天际线

城市广场与公园：哲里木广场、文化体育广场、西拉木伦公园、人民公园、三角公园、西辽河水上公园、薰衣草花田等广场与公园，营造出通辽市景致良好、人气兴旺的户外公共空间。

图 6-34　西拉木伦公园

图 6-35　薰衣草花田

图 6-36　人民公园

城市夜景：壮美的西辽河、静谧的胜利河、悠然的孝庄河，倒映着河岸两侧灯火通明、色彩斑斓的建筑群。夜晚的通辽，灯光映衬下的城市空间景色更加迷人，焕发出白日不曾有过的激情与活力。

图 6-37　胜利河夜景

图 6-38　孝庄河夜景

图 6-39　彩虹桥夜景

图 6-40　新世纪大桥夜景

图 6-41　万达广场夜景

图 6-42　碧桂园夜景

图 6-43　西辽河夜景

城市雕塑：孝庄文皇后石雕人像、马头琴雕塑、安代舞雕塑等点缀于城市当中，传承着历史记忆，彰显了文化气息，营造出浓郁的地域风貌特征。

建筑风貌：通辽市建筑风格以现代风融入多元文化设计要素，产生了诸如通辽市蒙古族学校、市委市政府、科尔沁体育中心

图 6-44 孝庄文皇后石雕人像

图 6-45 马头琴雕塑

等为代表的现代建筑。同时，部分建筑以简欧式的设计风格呈现出别具特色的建筑风貌，彰显出丰富多样的建筑形态，为城市建筑风貌增色添彩。其建筑风格主要有传统风格建筑、地域气质建筑和现代风格建筑。

传统风格建筑：传统风格建筑、简欧式风格建筑等。

地域气质建筑：地域气质建筑主要有古典式蒙古族风格建筑、现代蒙古族建筑等。

现代风格建筑：适应现代技术和材料而建造的造型简洁、形式反映功能的建筑等。

图 6-46 通辽机场

图 6-47 欢乐河谷商业建筑

图 6-48　滨河现代建筑

图 6-49　哲里木版画博物馆

图 6-50　蒙文书法博物馆

图 6-51　蒙医药博物馆

图 6-52　乌力格尔艺术馆

6.3 通辽市城市风貌体系和要素

6.3.1 通辽市城市风貌体系

图 6-53　孝庄河建筑群

基于以上对城市自然生态、历史文化和空间形态三个方面子系统的分析，则以“水、景、林、田”为核心构建了通辽市城市风貌的重要山水格局。据民国 2 年《开放镇基挚签招领呈文》记载，通辽的自然本底为“南临大道，西枕辽河，东倚平岗，北凭广野，地势高爽，永无水患，而水陆交通之便利，尤为他处所不及”。

如今的通辽，以西辽河为主的水系穿城而过，形成西辽河、孝庄河一胜利河生态景观带，极大地丰富了城市整体自然环境，并结合城市良好的人工环境构成通辽市的自然生态景观风貌格局。同时，基于良好的自然生态本底，融入城市历史、文化、街道、建筑等多元元素，构成独特的城市总体风貌。

表 6-1　通辽市城市风貌体系

“水”	科尔沁区境内地表水主要有西辽河、清河、洪河 3 条河流，以此为主体并与城市中其他滨水空间和原生态自然环境共同形成优美的城市水系风貌
“景”	两条滨水绿化带打造原生态的自然景观，并结合城市中开敞空间形成疏朗、开阔、自然的生态景观
“林”	环绕在城区外围的百万亩人工林，包括外环两侧的绿带及大片绿地、郊野公园等，形成环城森林生态圈，产生独特的风貌景观
“田”	城市周边地区分布的大量农田，丰富了城市景观环境，营造出富有农业生态景观背景的风貌基底

辽阔的科尔沁草原和蜿蜒的西辽河是山水格局构建的基础，悠远的历史文化与民族文化相伴相生，为通辽市城市风貌的形成奠定了良好的环境与文化基底。城市现代化建设的脚步将城市空间进一步扩展开来，公共空间、建筑形态、小品雕塑等均体现着地域与民族文化特征。

6.3.2 通辽市城市风貌要素

通辽市城市的风貌系统构建源于对自然环境和历史文化的尊重、传承和创新，表现在城市建成环境中的具体风貌载体要素则可依照自然生态、历史文化和空间形态子系统列出，如自然基底、人工景观、城市天际线、开敞空间、城市色彩、建筑风格、特色街区、空间格局、雕塑小品等。

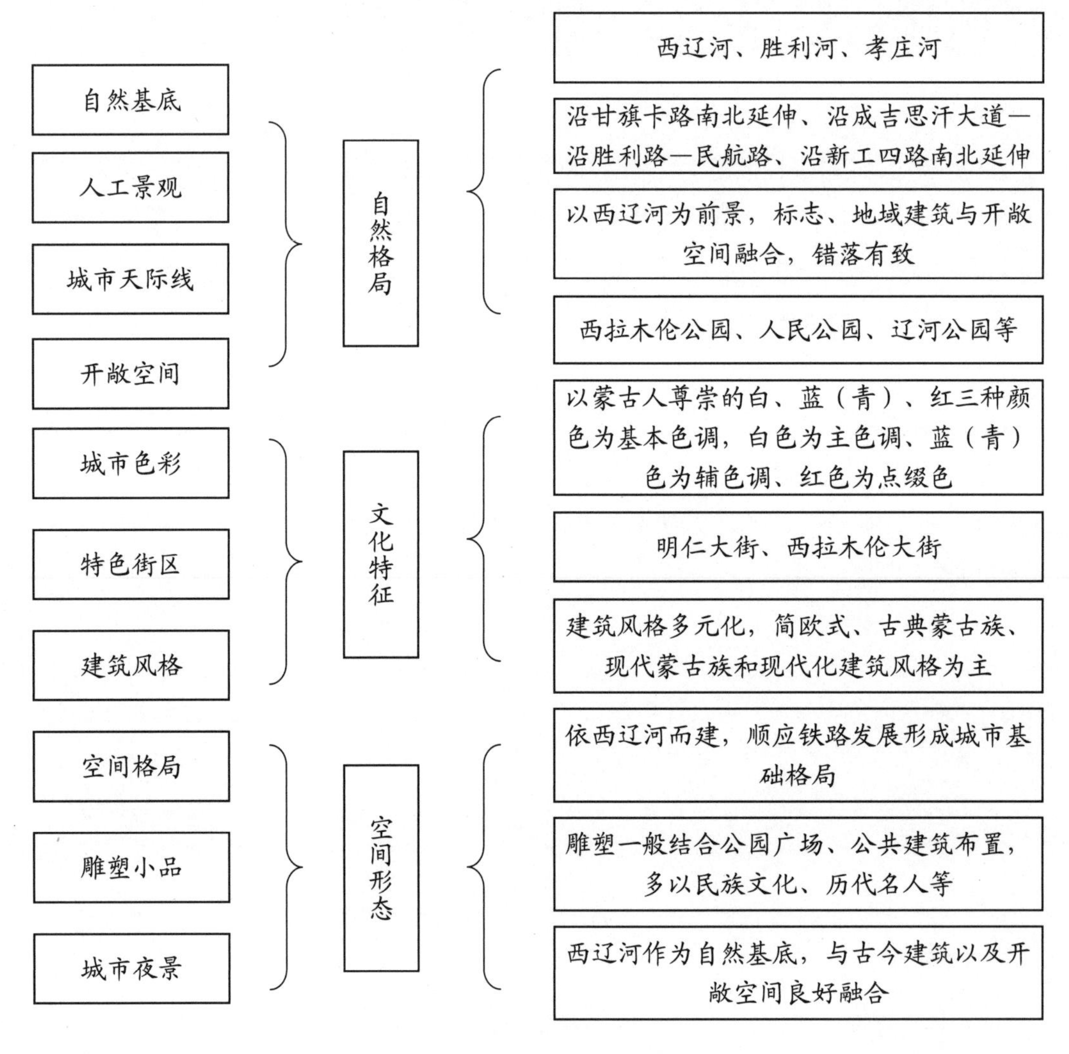

图 6-54　通辽市城市风貌要素图

6.4 结语

通辽市作为蒙东地区向东联系吉、辽的核心城市之一，承担起自治区经济发展的重要角色。“草茂水美”的自然格局为城市发展奠定良好的生态基础，“古韵延绵”的深厚历史与民族文化底蕴为城市风貌注入内涵，“城景相依”的城市空间形态格局为城市风貌的展示搭建了良好的空间平台，同时也奠定了城市风貌发展的总体走向。

“草茂水美”: 即以“草、水”为主的城市自然生态格局为城市发展奠定疏朗、开阔的自然基础，城市中水系蜿蜒，绿廊环绕，为城市风貌的形成和塑造提供良好的生态本底。

“古韵延绵”： 即通辽市历史上其他文化和蒙元文化相互交融，展现出浓厚的地域民族文化优势。同时，作为蒙东地区的宗教名城，蒙古族的传统文化、藏传佛教文化、现代科技文化等相互碰撞，共同构成独具风格的文化特质。

“城景相依”： 即城市建设与周边生态环境相互穿插、交融，形成现有的城市空间结构。城市桥南桥北片区分别代表着生活氛围浓郁的老城区与现代气息为主的新城区，西辽河、孝庄河、胜利河生态景观带为城市风貌增添无限生机。城市中古韵与新生并济，传统与现代齐鸣，共同碰撞出灿烂的火花。

6.5 中国历史文化名镇——库伦镇

库伦系蒙古语，意为庭院。库伦镇是库伦旗政府所在地，是库伦旗政治、经济、文化中心。库伦旗始建于 17 世纪，是清代内蒙古唯一实行政教合一的旗，为历代宗教重镇，也是蒙古族崇尚的宗教“圣地”，在清代有“小五台山”之称，境内庙宇林立。库伦旗总人口 7.2 万人，有蒙古、汉、满、朝鲜、达斡尔、苗、锡伯等 11 个民族。2006 年库伦旗被国务院列为第六批全国重点文物保护单位。2014 年，库伦镇入选第六批中国历史文化名镇，成为通辽地区首个国家级历史文化名镇。

6.5.1 自然生态景观子系统——滨沙绿洲

库伦镇所在地区紧邻塔敏查干沙漠，但水资源较为丰富，城区内有养畜牧河穿境而过，地势起伏较为明显。其河湖环抱、绿树成荫，山、水、林、沙构成了库伦镇丰富的自然生态景观风貌系统。

图 6-55　库伦镇自然环境

图 6-56　塔敏查干沙漠

6.5.2 历史文化景观子系统——宗教重镇

早在春秋战国时期就有人类在库伦旗征战、游牧。1633 年，西藏高僧阿兴希日巴传教至此，划定疆界，为其领地，称曼殊希礼库伦。清顺治三年（1646 年），建锡埒图库伦札萨克达喇嘛旗，为漠南蒙古地区唯一实行政教合一体制的旗，历时近 300 年。至 1931 年政教分治，锡埒图库伦扎萨克达喇嘛旗改称库伦旗。库伦宗教文化历史悠久，是内蒙古东部宗教中心，其建制悠久，城镇现有文化遗产十分丰富。库伦三大寺、安代艺术博物馆等历史人文景观是城市景观风貌中的亮点与重点所在。

库伦镇境内有著名的三大寺建筑，为典型的古典汉藏结合式建筑，如兴源寺建筑为冷灰色墙面，深灰色瓦屋顶，红色构件，合院布局。

图 6-57　库伦三大寺远景

图 6-58　吉祥天女庙

图6-59 兴源寺1

图6-60 象教寺

图6-61 福缘寺

图6-62 兴源寺2

兴源寺为原卓素图盟席力图库伦扎萨克喇嘛旗寺庙，是该旗建立最早、规模最为宏大的藏传佛教寺庙。顺治年间，清廷御赐蒙、汉、藏三体“兴源寺”匾额，是内蒙古地区唯一一座具备政教合一体制的寺庙。寺庙建筑以汉式建筑为主，正殿为汉藏结合式建筑。

6.5.3 空间形态景观子系统——宗教重镇

基于自然环境与历史文化的影响，目前库伦镇形成“一核、两心、三带”的城市格局。“一核”，即以库伦旗中心镇区依托自然沟榕形成的生态风貌区；“两心”，即以库伦三大寺为代表的宗教文化风貌区和以行政中心、体育馆、安代博物馆等现代建筑为主体的现代风貌区；“三带”，即中心镇区东西向发展轴、老城区南北向发展轴和新城区南北向发展轴；辅以廉政文化广场、法治文化广场等开敞空间作为重要风貌节点。

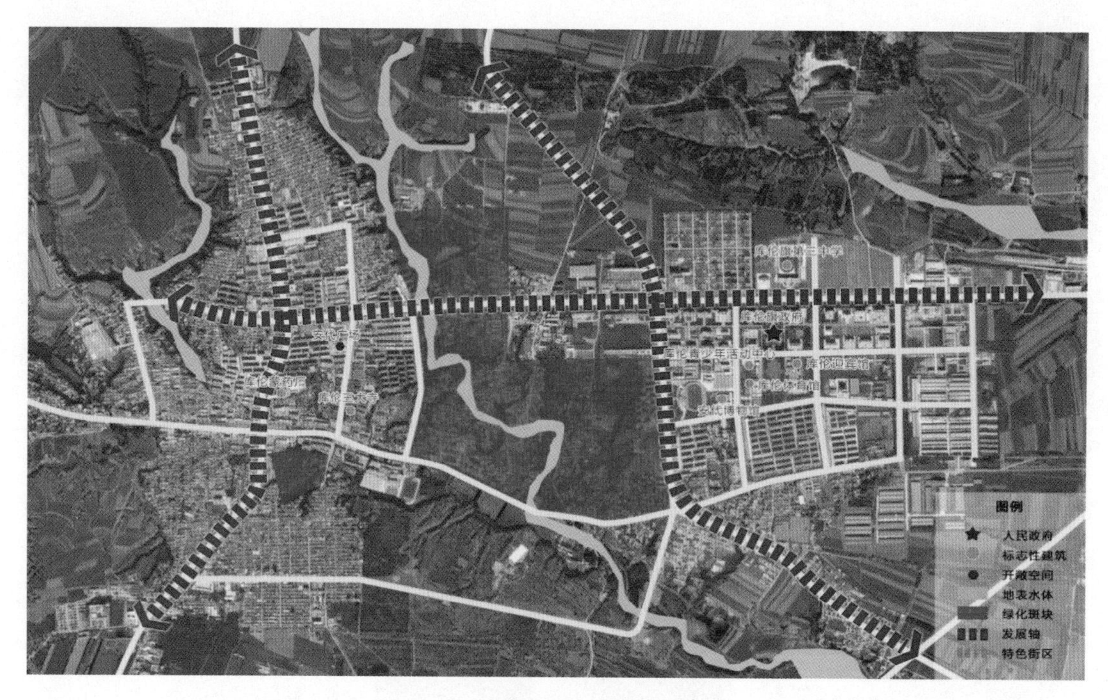

图 6-63　库伦镇城镇风貌空间结构图

开敞空间：安代广场、廉政文化广场、法治文化广场、生态公园等。

图 6-64　生态公园

图 6-65　新库伦广场

图 6-66　法治文化广场

图 6-67　廉政文化广场

城市街道：安达大街、安代大街、哈达图街等。

图 6-68　安达大街

图 6-69　安代大街

建筑风貌：以安代博物馆、库伦蒙药厂为代表的蒙古族建筑和以库伦旗人民政府、库伦旗图书馆为代表的现代建筑，与宗教历史建筑一起形成城镇中古今交融的建筑形象。

6.5.4 库伦镇城镇风貌小结

以“山、水、沟、沙”为核心构成库伦旗城镇风貌的山水格局。以境内连绵的丘陵和穿境而过的养畜牧河作为城镇风貌形成的依托，镇域内自然形成的绿色沟榕以及人工生态景观共同构成城镇优美的自然生态本底。

图 6-70　库伦旗人民政府

图 6-71　库伦蒙药厂

图 6-72　库伦旗安代博物馆、图书馆

表6-2 库伦旗城镇风貌体系

“山”	大境内中部丘陵起伏，低山连绵，构成独特的山体景观
“水”	养畜牧河穿境而过，成为自然景观的良好本底，提供良好的生态景观
“沟”	境内有一自然沟榕，为自然景观核心，引导城镇自然风光向其集聚
“沙”	西南部塔敏查干沙漠沿城区边缘绵延，形成沙漠景观

第 7 章 “华夏源流”——赤峰市风貌区

图 7-1 赤峰市新区鸟瞰图

7.1 赤峰市风貌区概述

赤峰，红山之意，蒙古语“乌兰哈达”，因城区东北部赭红色山峰而得名。位于内蒙古自治区东南部，蒙冀辽三省区交会处，与河北承德、辽宁朝阳地区接壤。全市总面积 9 万平方公里，辖 3 区 7 旗 2 县，有蒙、汉、回、满等 30 多个民族。总人口 464.3 万，是内蒙古第一人口大市。

图 7-2　赤峰市区位示意图

作为内蒙古东部地区的区域性中心城市，也是东北与华北交界地区重要的交通枢纽、我国北方重要的生态安全屏障。赤峰历史悠久，红山文化、契丹辽文化和蒙元文化等曾在赤峰地区留下浓墨重彩的痕迹，也成为城市重要的文化品牌与景观风貌要素。因优良的自然环境与人文环境，2002 年赤峰被联合国环境规划署评为“全球 500 佳”环境奖，并先后获得国家卫生城市、中国优秀旅游城市、中国最佳旅游胜地、56 个最具民族特色的旅游城、全国园林城市等称号。

图 7-3　赤峰锡伯河两岸景观

7.2 赤峰市城市风貌系统构成

赤峰市城市风貌系统包括自然生态景观风貌子系统、历史文化景观风貌子系统和空间形态景观风貌子系统。

7.2.1 自然生态景观风貌子系统——红山绿水，绿廊穿城

赤峰市地处内蒙古东南部，位于大兴安岭南段和燕山北麓山地，西拉木伦河南北与老哈河流域广大地区，是内蒙古高原、冀北丘陵和辽宁平原的截接复合部位，具有独特的地理位置和地质构造，呈三面环山、西高东低、多山多丘陵的地貌特征。市域地形地貌情况复杂多样，层峦叠嶂，丘陵起伏，峡谷相间，沟壑纵横，只有小块山间平地和沿河冲积平原，形成多山的自然格局。

赤峰市境内共有 4 条流域，即西辽河流域、内陆河流域、大凌河流域、滦河流域。全市有大小湖泊 128 个，其中常年水域面积 1 平方公里及以上湖泊 12 个，面积最大的达里诺尔

图 7-4 紫蒙湖

图 7-5 红山玉龙沙湖

图 7-6 乌兰布统草原

图 7-7 赛罕乌拉

图 7-8 马鞍山

图 7-9 阿斯哈图石林

图 7-10 美林谷

图 7-11 其甘沙漠

图 7-12 达里诺尔湖

图 7-13 赤峰市红山公园

湖为苏打型半咸水湖，是内蒙古自治区第二大湖。植被类型有森林、灌丛草原、草甸草原、干草原、草甸、沼泽、沙生等，形成了丰富的自然生态环境。

7.2.2 历史文化景观风貌子系统——源远流长，底蕴深厚

赤峰在秦、汉时期分属燕、东胡、鲜卑，隋唐时设饶乐都督府和松漠都督府，明朝时先后属大宁卫、全宁卫、应昌卫和兀良哈三卫，清代大部分地区属昭乌达盟，民国时属热河特别区。1949 年新中国成立后，先后隶属于热河省和内蒙古自治区，1969 年划归辽宁省，1979 年划回内蒙古自治区，1983 年 10 月撤盟设市。

几千年来，先后有东胡、乌恒、鲜卑、库莫溪、契丹、女真、蒙古等各族人民生息、繁衍在这块沃土之上，共同创造了赤峰地区悠久深厚的历史文化。其中以“红山文化”为代表的历史文脉绵长悠远，既有历史时空的传承，亦有民族文化的融合与变迁，是中华文明发源的重要见证。

境内文化遗址众多，以地名命名的古文化遗址有小河西文化、兴隆洼文化、赵宝沟文化、红山文化、富河文化、小河沿文化、夏家店下层文化、夏家店上层文化。其中，红山文化标志性器物碧玉龙被史学界誉为“华夏第一龙”。兴隆洼遗址是西辽河流域和内蒙古地区最早的新石器时代文化遗址，被誉为“中华第一村”。二道井遗址则代表的是夏家店下层文化，基本保留着完整中小规模的聚居空间形态。同时，赤峰地区也是契丹辽文化的发祥地，

图 7-14　红山文化遗址

图 7-15　兴隆洼文化遗址

图 7-16　辽上京遗址

图 7-17　二道井子遗址

境内辽代遗存丰富，出土文物甚多；蒙元文化遗址也是赤峰的主要历史遗址之一，北元的首都鲁王城遗址证明着这个城市在蒙古族发展历史上的辉煌时期。

赤峰市境内藏传佛教进驻历史悠久，个别寺庙可追溯至辽代。现正常使用和基本保护的藏传佛教寺庙有 29 所，其中国家级保护寺庙 7 所、内蒙古自治区级保护寺庙 2 所、旗县级保护寺庙 6 所。赤峰地区藏传佛教寺庙建筑风格大体分为“汉式”、“西藏式”、“汉藏混合式”。藏传佛教在赤峰地区影响久远，寺庙是赤峰各民族传统文化积淀、承传、发扬的场所，是各族信众精神寄托的圣地。

历史悠久的文化积淀与现代城市发展相融合，形成了赤峰市地域与民族特色鲜明的文化特征。基于红山文化形成的“红山旅游文化节”和“中国 · 蒙古汗廷文化旅游节”等节庆活动，与赤峰市非物质文化遗产“阿日奔苏木婚礼”、“蒙古族林丹汗宫廷音乐”相结合，以延续和创新的形式对民族文化进行传承与保护，成为树立文化信心和宣传城市形象的重要载体与途径。

7.2.3 空间形态景观风貌子系统——山水棋布，生态城市

赤峰市依据自身的发展历史、自然条件的基本格局，实行“点一轴”式空间结构体系，通过主要交通干道串联重点城市，形成“一轴两带，主副三心”的市域城镇空间结构布局，构建区域城镇等级体系。其中，赤大高速、赤大白铁路、叶赤线以及赤凌快速客运铁路专线等交通干线形成市域城镇发展主轴。以此为主要发展轴线，连接南北的发展经济带，并形成以市域中心为主要核心、北部大板镇和南部天义镇为次要核心的统一发展体系。

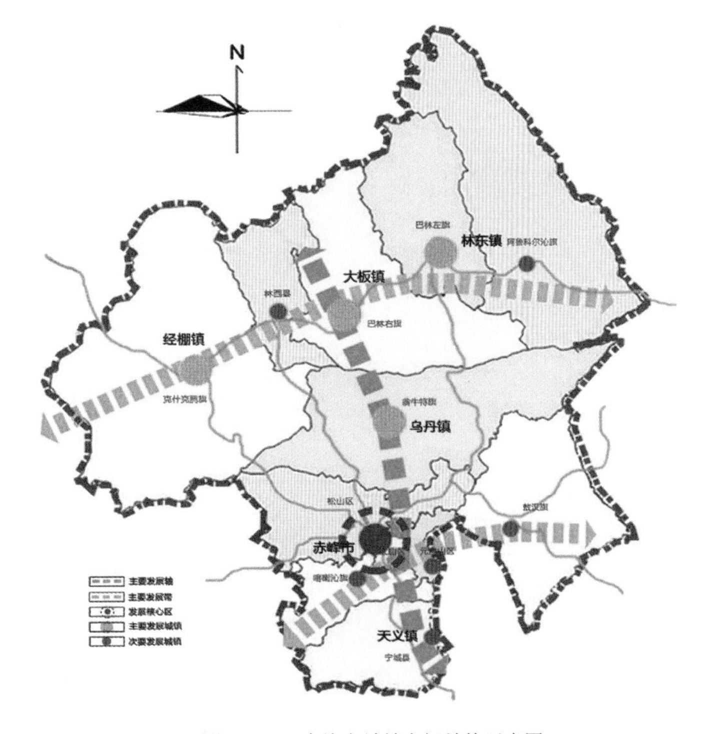

图 7-18　赤峰市城镇空间结构示意图

赤峰市城区起源于清朝中后期牧民与关内商人的集聚，至清末，发展成为内地通往蒙古的交通要冲、贸易中心和物资集散市场。至建国初期，赤峰市建成区面积约 3 平方公里，人口 3 万左右。城市有东西向六条街（一至六道街）、南北向三条街（东横街、西横街、兴隆街）、三个市场（粮市、菜市和马市），俗称“九街三市”。至 1956 年，原昭盟公署从林东迁来赤峰，开辟了六道街以南至火车站的新街区，城市至此开始了快速的发展历程，逐步建成长青街、钢铁街、解放街和站前街等。2003 年，赤峰新区于锡伯河以北、半支箭河以西开始建设，与老城保持了良好的空间距离，以其适宜的建设尺度与人居环境，成为新区建设的典范。

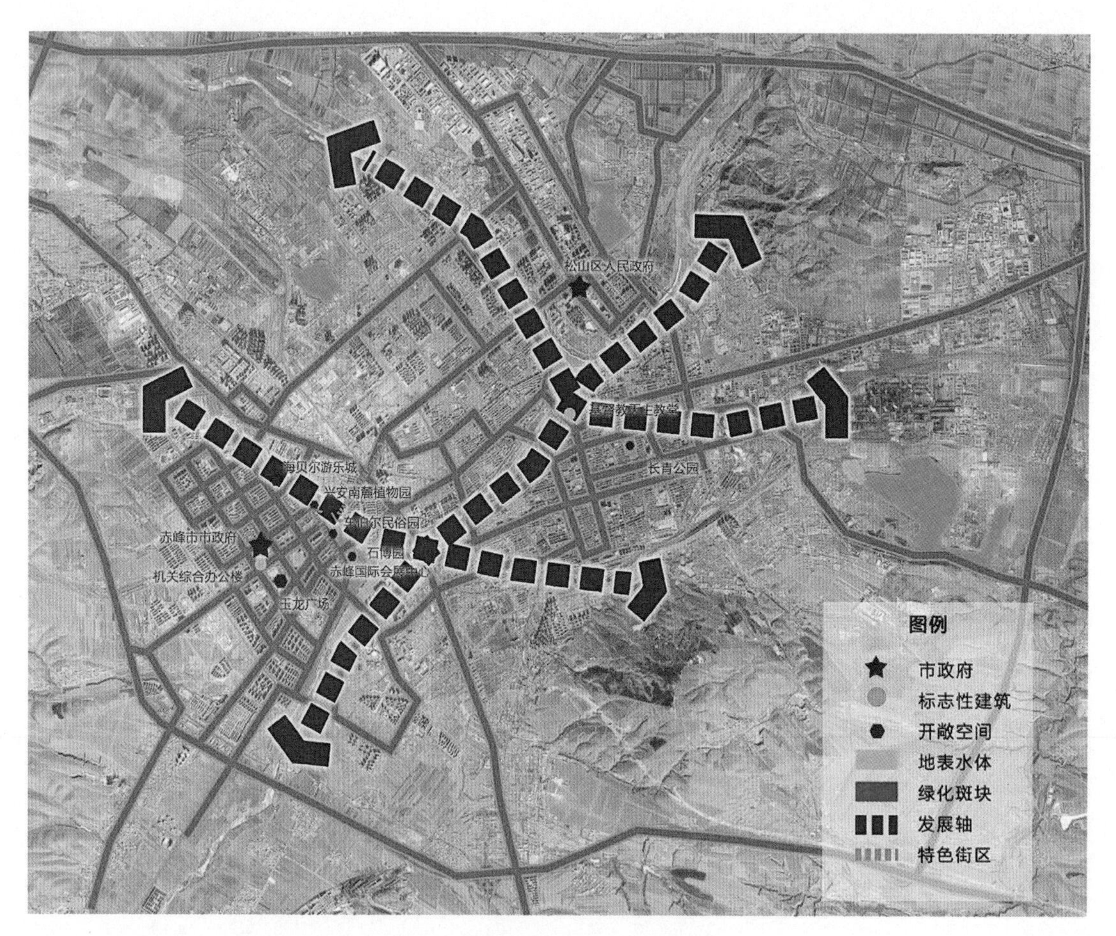

图 7-19　赤峰市中心城区风貌结构示意图

赤峰市现状的中心城区布局结构中，旧城区以“九街三市”为核心，秉承对历史文化保护与利用的理念进行改造与开发，基本保留现有城市格局；新区则已初步形成红山片区、松山片区等中部六片区，红山经济开发区和红山区农畜产品产业园等外围三组团，同时兼有桥北片区中心、北洼子片区中心、陈营子组团中心以及松山片区市级商务商业中心，即“中部六片区，外围三组团，滨水多中心”的城市空间结构。

城区景观格局则以“三山、五河、景观生态保护区”为核心构建山水格局，沿三河形成三条滨水景观带；沿友谊大街—巴林大街、英金路、玉龙大街—松山大街等形成主要的景观道路；以红山片区滨水商业区、松山片区滨水商业区、松山北片区市级商务中心、桥北片区中心等构建城市景观核心区，塑造门户节点、交通节点和地标节点等景观节点，形成“青山绿水，绿廊穿城”的景观生态格局。

城市天际线：城市中地势起伏，巍巍红山作为城市的背景，水系穿城而过，良好的山水格局与错落有致的建筑物以及开敞空间构成起伏有致的城市天际线。

图 7-20 赤峰市城市鸟瞰

图 7-21 赤峰市城市天际线

图 7-22　漠南长廊

图 7-23　蒙古源流雕塑园

开敞空间：赤峰市城区依托三山两河自然基础，开放空间星罗棋布，既有庄严肃穆的政府前广场，又有轻松愉悦的休闲娱乐园，各开放空间的功能与形态合理结合周边自然环境，共同营造了赤峰城市优良的公共空间环境。

图 7-24　玉龙广场

图 7-25　海贝尔游乐城

图 7-26　石博园

图 7-27　锡泊河

图 7-28 红山公园

建筑特色：赤峰市的特色建筑分布较为广泛，现代建筑主要分布在主城区。现代建筑以其大体量、规则的对称形式或前卫的流线形，对整个城区建筑风貌起到统筹引领的作用。其建筑风格主要有传统风格建筑、地域气质建筑和现代风格建筑。

传统风格建筑：中式古典风格、西方古典风格建筑等。

地域气质建筑：主要为现代蒙古族建筑等。

现代风格建筑：适应现代技术和材料而建造的造型简洁、形式反映功能的建筑等。

图 7-29　天主教堂

图 7-30　赤峰国际会展中心

图 7-31　赤峰博物馆

图 7-32　赤峰市美术馆

图 7-33　赤峰市政府

城市夜景与雕塑小品：赤峰市雕塑小品多以红山文化、蒙元文化为主，与城市夜景共同组成了赤峰市一道亮丽的风景线。

图 7-34　飞龙在天雕塑

图 7-35　车伯尔铜像

图 7-36　蒙古源流雕塑

图 7-37　城市夜景

7.3 赤峰市城市风貌体系和要素

7.3.1 赤峰市城市风貌体系

赤峰市集地区政治、经济、文化中心功能为一体，是联结东北和华北两大经济区的重要枢纽城市。城区围绕红山形成独特的核心自然景观风貌，以塑造北方生态园林城市为立足点，以绿色为主基调，从挖掘历史文化内涵入手，用多种表现方式形象地表达出赤峰灿烂的历史文明和浓郁的民族风情。基于以上对城市自然生态、历史文化和空间形态三个方面子系统的分析，则以“山、水、林、田、城”为核心构建了赤峰市城市风貌的重要山水格局。

表 7-1 赤峰市城市风貌体系

“山”	赤峰中心城区以红山、南山和西山等主要景观山体，共同形成城区的天然生境斑块
“水”	宽阔顺直的锡伯河、蜿蜒流淌的半支箭河，以及英金河、昭苏河等形成了城镇空间布局的脉络
“林”	中心城区环形的防护林地与周边的林地生态廊道相连接
“田”	赤峰市区周边观光农田与农耕生态园众多，为赤峰市提供了具有塞外田园风光的自然景观
“田”	自然斑块星罗棋布的山水格局，营造了良好的城镇自然景观风貌系统，为城市特色风貌的构建提供了良好的基础条件

7.3.2 赤峰市城市风貌要素

赤峰市的城市风貌以“山、水、林、田、城”为基础构建风貌系统，可进一步分为自然生态景观风貌子系统、历史文化景观风貌子系统和空间形态景观风貌子系统。城市所在地区的自然、文化与历史的地域性特征以直接或间接的方式体现在具体的风貌载体中，包括：城市的自然基底、人工景观、空间格局、开敞空间、城市天际线、城市色彩、建筑风格、特色街区、雕塑小品等。

7.4 结语

赤峰市形成山水交织的自然景观格局，传承红山、契丹、蒙元等多重文化形式，以极具地域特征的民族传统特色和现代工业文明完美融合。“传承一脉史，续写锦绣章”，从市域的发展到文化名城的建设，从古建筑的保护到全面现代化的实施，从得天独厚的自然条件到别具风味的建筑街区，赤峰用多元化的方式展示了祖国北疆独特的城乡风貌。

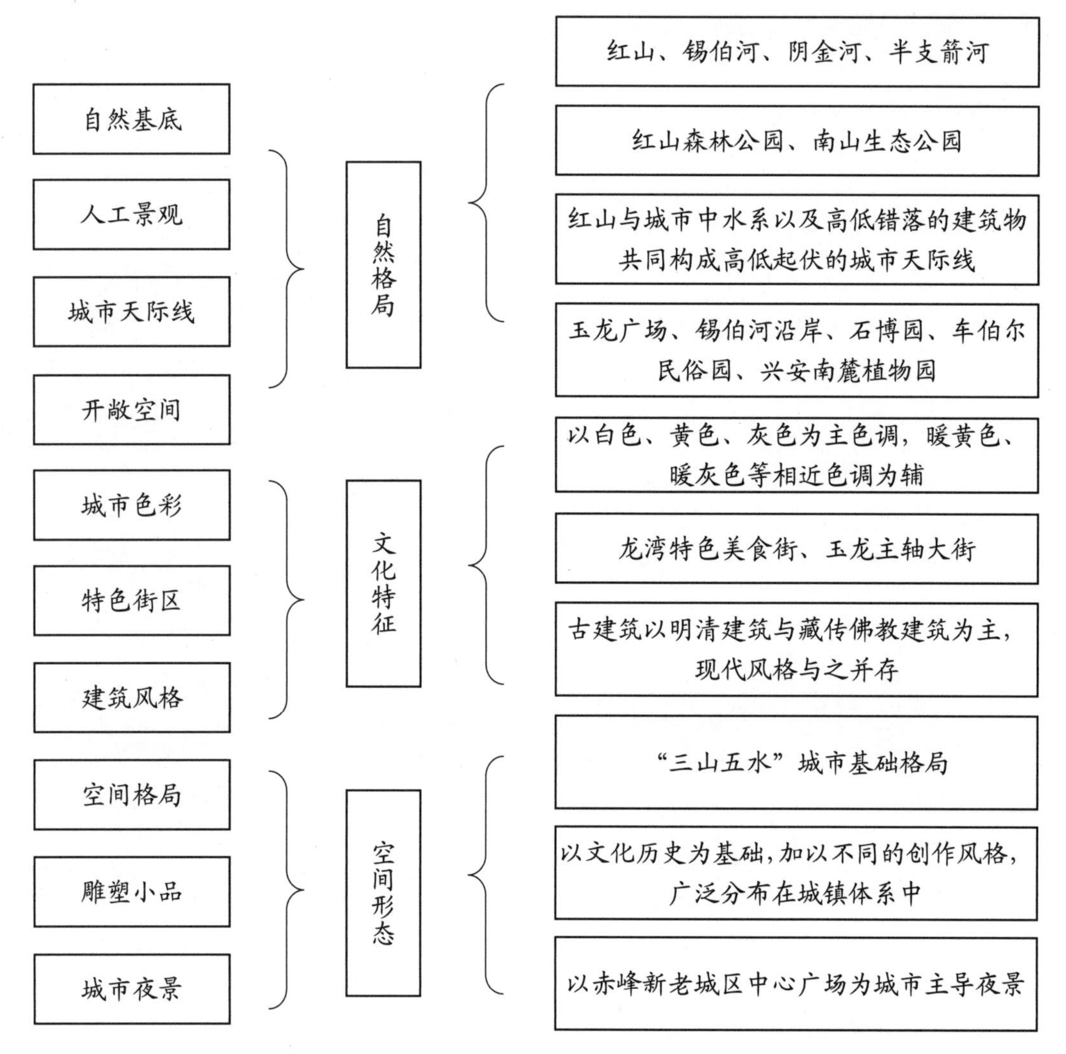

图 7-38　赤峰市风貌要素图

红山绿水，绿廊穿城：自然斑块星罗棋布的山水格局，营造了良好的城镇自然景观风貌系统，为城市特色风貌构建提供了良好的基础条件，市区中的红山，以醒目的色彩和明显的地势，成为城市自然景观的核心节点。

源远流长、底蕴深厚：红山文化、契丹—辽文化与蒙元文化三种历史文化的交织，为城镇风貌奠定了良好的文脉基础，使其具有浓厚的文化底蕴。

九街三市、宜居新城：延续老城的城市肌理建设新区，赤峰的新区建设可谓国内典范。新旧城市的有机连接使得城区的功能与空间得以有效发挥，城市的扩张温和而充满活力。城区在景观风貌构建中，沿着锡伯河、英金河、阴水和玉龙大街、友谊大街—巴林大街、英金路、玉龙大街—松山大街、西拉沐沦大街等构建带状城市景观轴线，串联多个文化景观节点，从而形成景观风貌系统。

7.5 中国历史文化名镇——王爷府镇

喀喇沁旗王爷府镇历史文化厚重，自然风光秀丽，为国家 4A 级旅游景区，是清代喀喇沁右翼旗扎萨克郡王府邸，故称王爷府。该镇先后被命名为“中国历史文化名镇”、“全国文明村镇”、全国“美丽乡村”创建试点乡村。王爷府镇原名锡伯格庄，位于锦山镇西南 20 公里处，东邻内蒙古贡格尔草原，西接世界最大皇家园林——承德，南接赤峰市宁城县，北接旗内小牛群镇，总面积 500 平方公里，总人口 4 万人，为近代蒙古族文明发祥地和富集地。赤茅一级公路横贯全镇，距赤峰 60 公里，距北京 350 余公里，是京津通往内蒙古地区的交通枢纽。

7.5.1 王爷府镇山水格局

王爷府镇因王爷府得名，王爷府及其周围寺庙等成为景观重点。在方圆 517 平方公里的秀美山川中，主要自然景观有印山、十八罗汉山，府外绿水青山，环境优美和谐，风光旖旎，景色秀美。

图 7-39　王爷府镇自然环境

图 7-40　王府后花园

7.5.2 王爷府镇文化特质

喀喇沁旗亲王府镇因王府而生，因王府而兴。其始建于清乾隆二十二年（1757 年），因清朝统治者对外藩蒙古诸旗封爵之策而建王府，之后的历代亲王对其进行扩修，逐渐成为所辖周边地区的政治、经济和文化中心。因此，其文化的源流既有深厚的蒙古族传统文化，亦有明清以来与汉文化的交织与融合，是蒙古族文化的重要发祥地之一。

7.5.3 王爷府镇空间形态

王爷府镇坐拥塞外第一蒙古亲王府这一宝贵资源，是赤峰市的文化重镇。有纵向中心轴与横向发展轴两条景观轴线相交，形成多点散布的风貌结构体系，而城镇核心建筑群——王爷府位于十字轴线的北侧。

蒙古亲王府建筑群由府邸、后花园和东、西跨院四部分组成，是国内现存王府建筑中建成年代最早、建筑规模最大、规格等级最高、保存最为完好的清代蒙古王府建筑群。其建筑气势恢宏、殿宇森严、布局精巧、建筑壮观、结构严谨，是典型的清代建筑群，并集塞北地区、蒙古民族、藏传佛教三类建筑特点于一身，具有浓郁的民族、宗教和地域特色，蕴含着丰富的中国传统山水格局思想和建筑工艺技术。

图 7-41　王爷府镇城镇风貌空间结构示意图

图 7-42　喀喇沁王爷府

喀喇沁王的家庙福会寺，也是亲王府景区一部分，占地 100 余亩，是典型的藏传佛教寺院。2001 年，喀喇沁亲王府被国务院公布为全国第五批重点文物保护单位，2005 年被评为国家 AAAA 级旅游景区，2006 年被评为“56 个最具民族特色的旅游风景区”。

图 7-43 福会寺

图 7-44 福会寺钟楼

7.5.4 王爷府镇城镇风貌小结

王爷府镇依山而建，北枕林木葱郁的柏山，南临美如玉带的锡伯河，拥有良好的自然山水格局，王爷府镇特有的历史文化积淀为整个城镇的开敞空间、建筑形态、景观节点、交通流线提供了良好的底蕴与肌理，城镇建设与历史建筑较为贴合，整个小镇形成以文脉为积淀的独特城镇风貌。

以“山、水、府、镇”为核心构成王爷府镇风貌的格局。境内沟壑纵横的山体和环绕在城镇南侧的锡伯河形成城镇风貌的依托，历史悠久的古建筑群构成城镇风貌的核心。

表 7-2 赤峰市王爷府镇风貌体系

“山”	王爷府镇坐落在两山之间，北部以马鬃砬子山等为屏障，山体沟壑纵横，形成了多种多样的沟壑景观，与城镇相互交错，形成了较为良好的生态格局
“水”	王爷府镇坐北面南，建于锡伯河北岸的平地上，整个城镇走势与河道平行，依水而建，具有丰富的水岸景观，使其具有良好的聚居条件与城镇空间
“府”	喀喇沁旗亲王府镇因王府而生，因王府而兴，历代亲王对其进行扩修，逐渐成为所辖周边地区的政治、经济和文化中心
“镇”	王爷府镇坐拥塞外第一蒙古亲王府这一宝贵资源，是赤峰市的文化重镇。其纵向中心轴与横向发展轴景观轴线相交，形成多点散布的风貌结构体系

第8章 “天堂草原”——锡林郭勒盟风貌区

图 8-1 锡林浩特市蒙元文化广场和博物馆

8.1 锡林郭勒盟风貌区概况

锡林郭勒，蒙语，意为丘陵地带的河，其名字即来源于境内的锡林郭勒河。锡林郭勒自古以来就是中国北方各族人民劳动、生活、繁衍的地方。正蓝旗境内的元上都，曾为元朝的夏季陪都。清朝年间，苏尼特左、右翼等 10 旗会盟于“楚古拉干敖包”山上，命名为锡林郭勒盟。清嘉庆年间迁盟址于贝子庙，即为现在的锡林浩特市所在地。

图 8-2　锡林郭勒盟区位示意图

锡林郭勒盟土地面积为 20.3 万平方公里，辖 2 市（锡林浩特市、二连浩特市）、9 旗（阿巴嘎旗、苏尼特左旗、苏尼特右旗、东乌珠穆沁旗、西乌珠穆沁旗、太仆寺旗、镶黄旗、正镶白旗、正蓝旗）、1 县（多伦县）、1 管理区（乌拉盖管理区）。全盟常住人口 104.69 万人，城镇化率为 64.54%。

锡林郭勒盟位于中国正北方，内蒙古自治区中部。这里既是国家重要的畜产品基地，又是西部大开发的前沿，是距京津唐地区最近的草原牧区。锡林郭勒盟北与蒙古国接壤，边境线长 1098 公里，同时是东北、华北、西北交会地带，具有对外贯通欧亚，区内连接东西、北开南联的重要作用。

图 8-3　锡林浩特市贝子庙、敖包山和额尔敦路

8.2 锡林郭勒盟城镇风貌系统构成

锡林郭勒盟城镇风貌系统包括自然生态景观风貌子系统、历史文化景观风貌子系统、空间形态景观风貌子系统。

8.2.1 自然生态景观风貌子系统——多样草原

锡林郭勒地处内蒙古高原锡林郭勒大草原，地势南高北低。锡林郭勒草原是中国四大草原之一，是内蒙古主要的天然草场，草原类型包括草甸草原、典型草原、半荒漠草原、沙地草原等多种类型。锡林郭勒盟东部和东北部主要是以乌珠穆沁大草原、乌里雅斯太景区为核心的草甸草原景观风貌。典型草原主要分布于锡林郭勒盟中部，是锡林郭勒草原主体，地形以平原和低山丘陵为主。西部和中南部呈现以浑善达克沙地、灰腾锡勒为主的荒漠草原景观风貌。沙地草原主要分布在锡林郭勒盟的西部和中南部地区，形成金莲川草原、白音锡勒国家级草原自然保护区为代表的具有农牧交错地带的生态景观特征。锡林郭勒水系分为：滦河水系、呼而查干诺尔水系、乌拉盖水系。大小湖泊 1363 个。锡林河是锡林浩特市境内的主要河流，是锡林浩特人的母亲河，被誉为“锡林九曲”。近年来，以锡林河为主体，北起北出入口，南至锡林湖水库北段，建设完成了总长度约 30 公里的景观带。在与自然环境的相互交融中，锡林郭勒盟形成了以草原为主体背景的草原城镇生态景观风貌特色。

图 8-4　锡林郭勒典型草原

图 8-5 乌拉盖草甸草原

图 8-6 洪格尔沙地草原

图 8-7 乌拉盖河

图 8-8 乌里雅斯太山

8.2.2 历史文化景观风貌子系统——游牧圣地

早在商周时期，锡林郭勒就出现了游猎和养畜的氏族部落。春秋战国时期，锡林郭勒盟系澹褴和东胡所居。西汉时期，为匈奴单于庭直辖。东汉为鲜卑部辖区。三国时期，隶属于北魏拓跋鲜卑部辖区，分别由鲜卑、柔然、乌洛候、契丹四部所居。隋朝时期，北部、东部由东突厥占居。唐朝时期，北部为关内道突厥单于都护府辖地。辽代时，锡林郭勒盟为契丹上京临潢府辖区。1115 年女真部建立大金国，除西部为汪古部所辖，其余均为金国属地。元朝初，为扎剌儿部兀鲁郡王营幕地。明朝永乐年间，将上都改称开平前屯卫，南部为京师顺天府北境，设置开平卫，北部被蒙古各部占居。清崇德、顺治、康熙年间，锡林郭勒河一带的苏尼特、阿巴嘎、阿巴哈纳尔、浩济特、乌珠穆沁等五部分别设置左、右翼两个旗，共 10 旗，均设扎萨克，于锡林河北岸的“楚古拉干敖包”山上会盟，成为锡林郭勒盟命名的开始。

元上都遗址位于内蒙古自治区锡林郭勒盟正蓝旗草原，曾是世界历史上最大的帝国——“元”朝的首都，始建于 1256 年；它是中国大元王朝及蒙元文化的发祥地，忽必烈在此登基建立了元朝。

元上都 南临上都河，北依龙岗山，周围是广阔的金莲川草原，以宫殿遗址为中心，呈分层、放射状分布。它既有土木为主的宫殿、庙宇建筑群，又有游牧民族传统的蒙古包式建筑的总体规划形式，体现出一个高度繁荣的草原都城的宏大气派，是农耕文明与游牧文明融合的产物，是草原文化与中原农耕文化融合的杰出典范。2012 年第 36 届世界遗产大会将中国元上都遗址列入了《世界遗产名录》。

图 8-9　元上都遗址整体鸟瞰

图 8-10　元上都遗址建筑遗迹

图 8-11　元上都遗址博物馆

锡林郭勒草原在历史上是北方各游牧民族纵马驰骋的天堂，也是以成吉思汗为首的蒙古民族走向兴盛和辉煌的地方，这样的民族文化景观随处可见：包括德王府、贝子庙、秦燕金古长城、突厥石人和分布在各旗域范围内的若干寺庙等。锡林郭勒地区建立了大量的寺庙，不同的寺庙都有着各自的传说，体现了不同的宗教文化。汇宗寺、善因寺、贝子庙等大量与蒙古族文化密切相关的人文与自然遗迹，奠定了锡林郭勒盟蒙古族文化在自治区民族文化中的重要地位。该地区的大部分城市的起源都是依靠寺庙发展建设而成，其中，最为著名的当属贝子庙。

贝子庙是内蒙古喇嘛教四大庙宇之一，也是锡林浩特市的发源地。贝子庙始建于清乾隆八年（1743 年），历史悠久，气势恢宏，建筑精美独特，在建筑艺术上，将蒙、汉、藏等多民族艺术风格融为一体，具有深刻的民族文化内涵，2000 年被列为国家级历史文化保护单位。

图 8-12　贝子庙

图 8-13　查干敖包庙

图 8-14　王盖庙

图 8-15　杨都庙

图 8-16　德王府遗址

锡林郭勒盟现有蒙古部落以察哈尔、乌珠穆沁、苏尼特、阿巴嘎部落为主，其特有的蒙古哲学思想孕育了蒙古民族特有的游牧文化，具有强烈的地域特性。以游牧文化为中心的非物质文化遗产，包括潮尔道（蒙古族和声演唱）、火不思、蒙古族搏克、蒙古族勒勒车制作技艺、蒙古包（营造技艺）、乌珠穆沁婚礼、祭敖包、那达慕、乌珠穆沁服饰、柳条编织制作技艺被列入内蒙古自治区非物质文化遗产名录。

锡林郭勒盟历史上一直是马业大盟，马业发展历史悠久，马匹品种优良，马业基础比较完善，马文化赛事及相关产业发展迅速。2010 年，中国马业协会将"中国马都"称号授予内蒙古锡林郭勒盟。锡林郭勒盟凭借得天独厚的马文化和资源优势，以马术运动为龙头，围绕建设马竞技之都、马文化旅游之都、马繁育之都、马交易之都、马产品之都，全力塑造"中国马都"，不断提升其知名度和影响力。锡林浩特市建设有中国马都核心区。

中国马都核心区项目位于锡林浩特市南，总占地面积 15 平方公里，建设国际标准室内赛马场 1 个、室外赛马场 1 个，以及马厩、越野赛道、马文化广场、马术学校、马博物馆等，形成集马术竞技、马文化展示、马匹培育、旅游观光、休闲娱乐为一体的旅游综合体。同时，还可带动赛马繁殖、保健马奶、工艺品加工等产业发展。

图 8-17　中国马都核心区

《千古马颂》为大型马文化全景式演艺项目，其充分挖掘马文化内涵，汇集百匹名马和百名骑士，综合运用民族马术、马背杂技、舞马表演，以及蒙古族歌、舞、乐等艺术元素，融合高科技声光电、裸眼 3D 技术，生动演绎了人马结缘的温情、马背家园的祥和、百骏出征的壮观和千古马颂的绝唱。

图 8-18　千古马颂

8.2.3 空间形态风貌景观子系统——草原新都

锡林郭勒盟城镇体系初步形成“四区三带”、“一主两副”的空间结构。三区分别为南部城镇经济区、中部经济区、东部经济区、西部城镇经济区。三带指城镇产业综合发展带、北部资源型产业发展带、南部综合发展带。城镇空间格局形成以锡林浩特市为主中心，以二连浩特、多伦为副中心，以乌里雅斯太为重要节点，以其他旗区城关镇为骨干支撑，以特色建制镇为延伸补充，构建“布局合理、覆盖城乡、特色鲜明、优势互补、功能完善”的多中心带动、多节点支撑的新型城镇化格局。

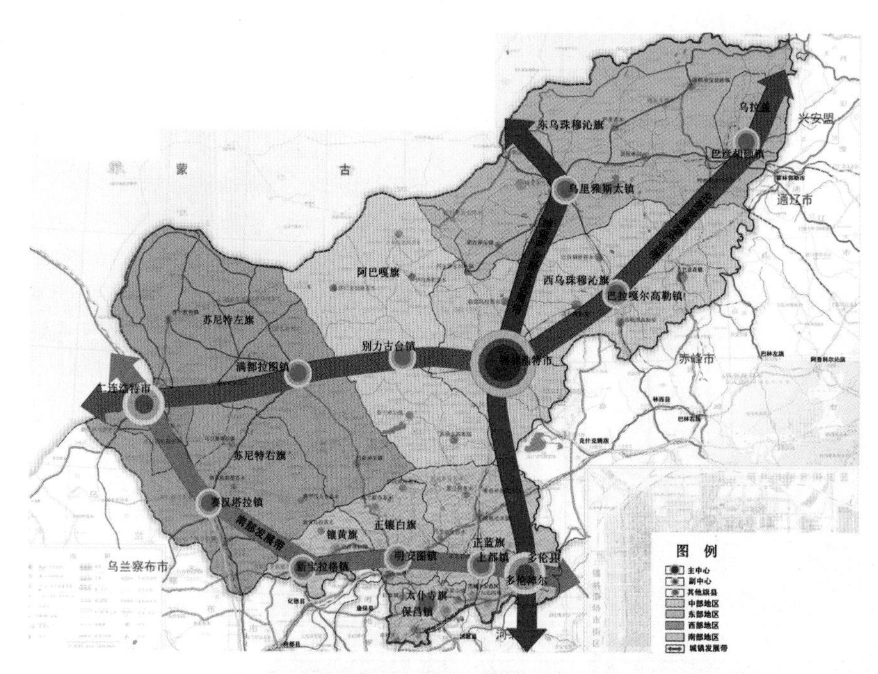

图 8-19　锡林郭勒盟城镇体系空间结构规划（2014-2030 年）示意图

锡林浩特市位于锡林郭勒盟中部，距首都北京 640 公里，距首府呼和浩特 620 公里，是锡林郭勒盟盟府所在地，全盟政治、经济、文化、教育和交通中心，辖 3 个苏木、1 个镇、7 个街道办事处、6 个国有农牧场，是蒙古族历史文化及民俗风情保留最为完整的地区之一，也是蒙古族人文特色极为鲜明的草原旅游胜地。

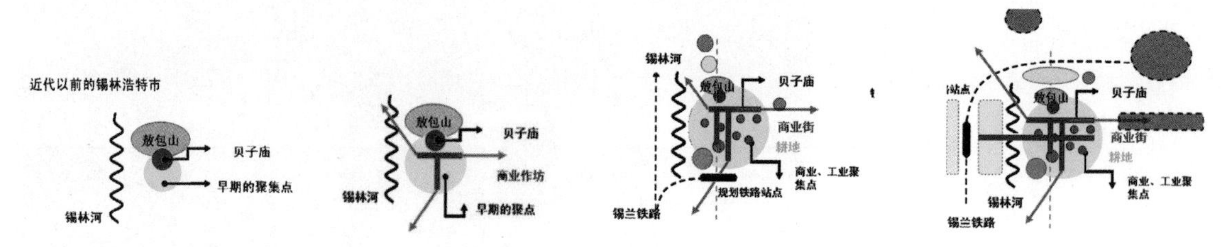

近代以前城市形态格局　近代至 1949 年以前城市形态格局　20 世纪 50~90 年代城市形态格局　2000 年以后城市形态格局

图 8-20　锡林浩特城市形态演化过程

贝子庙是影响锡林浩特城市风貌的重要因素，自近代以前至今，城市建设发展一直都是围绕这一历史建筑群，形成了“现代环抱历史”的城市形态格局。

锡林浩特城市风貌充分体现出了现代草原城市的特色形象：宽敞的街道、平缓的建筑轮廓、连续的城市绿化、静谧流淌的河流，都使这座草原城市给人以疏朗大气、干净整洁的整体印象。

锡林浩特市市区形成“两轴、两心、多片、多点”的整体景观格局。两轴：即东西向的都市景观轴以及南北向的历史、文化景观轴。两心：贝子庙及周边地区历史文化、传统商贸景观核心区；锡林广场及周边地区，形成现代文化、商贸、办公三位一体的景观核心区。多片即景观特色风貌区，包括：贝子庙历史文化风貌区、现代商业风貌区、传统商业风貌区、行政办公商贸区、教育科研风貌区、现代居住风貌区、现代工业风貌区、现代物流风貌区等 8 个景观分区。多点：在城市建设区内结合绿地广场、公共开放空间、大型公共建筑门前、重要交叉口、城市出入口等形成景观节点和标志性景观，从而有效地提升锡林浩特市的整体城市形象。

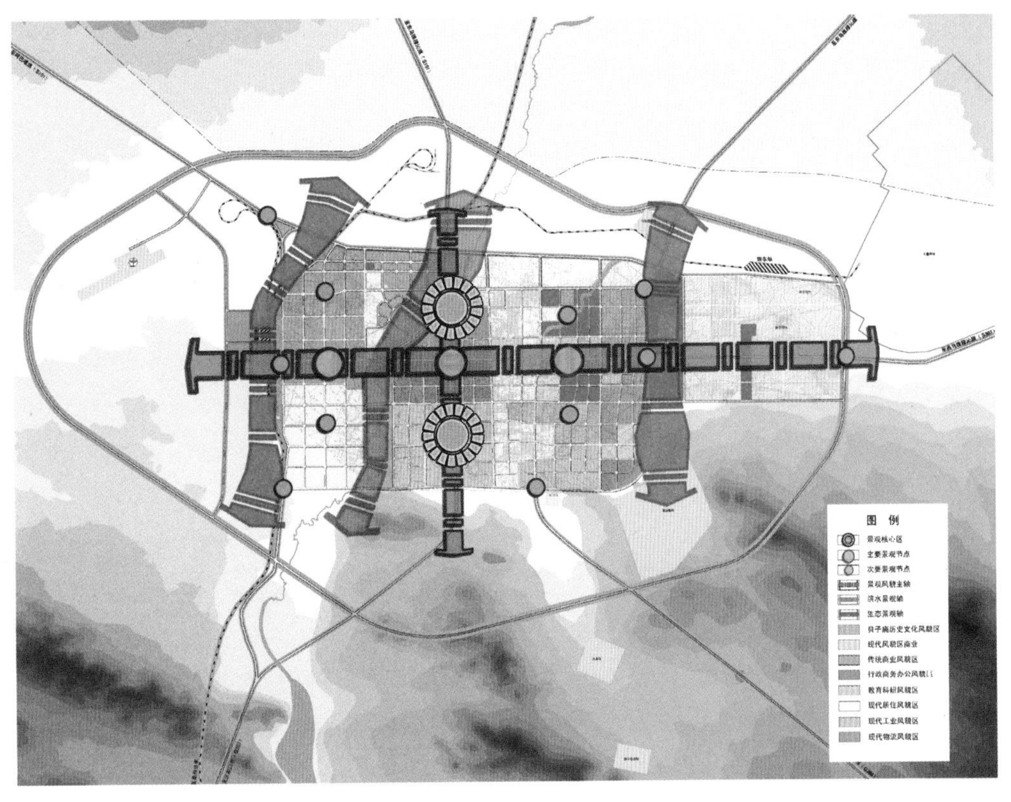

图 8-21　锡林浩特城市风貌空间结构示意图

城市天际线：锡林浩特市天际线以北部的敖包山和宽广的草原为自然背景，以锡林河及沿岸开放空间为前景。建筑轮廓线高低起伏，但基本以中低层为主，充分体现了“育城于景”，以自然为主的城市天际线。

图 8-22　锡林浩特南侧城市天际线

图 8-23　锡林浩特城市鸟瞰

图 8-24　锡林浩特东侧城市天际线

景观轴线：作为体现城市自然和人工环境风貌的景观廊道是城市风貌的重要组成部分。锡林浩特市现在已形成锡林大街东西景观轴、额尔敦路南北景观轴，及由锡林河、植物园、湿地公园和锡林水库等所组成的 30 公里城市景观带。南北轴视线通透，沿街以低层建筑为主，可将城南浅丘和牧区尽收眼底。

图 8-25　锡林大街东西景观轴

图 8-26　额尔敦路南北景观轴

图 8-27　锡林湖城市景观带

城市广场：锡林浩特市的贝子庙广场、蒙元文化园广场、锡林广场等较大尺度的城市广场和穿城而过的锡林河沿岸的开敞空间共同组成了人工与自然相结合的城市公共开敞空间。其功能与形态结合周边用地功能和自然环境特征。

公园绿地：城西公园、草原公园、锡林浩特生态植物园、湿地公园、额尔敦敖包公园、灰腾锡勒公园。同时，已基本修建完成的人工河使旧城区周边的环城水系初步形成。

图 8-28 贝子庙广场

图 8-29 蒙元文化广场

图 8-30　植物园

城市夜景：锡林浩特市以贝子庙为中心，围绕锡林河景观带塑造城市主要夜景风貌，以体现城市所特有的文化底蕴。

图 8-31　植物园贝子庙夜景

图 8-32　额尔敦敖包山

图 8-33　城市夜景 1

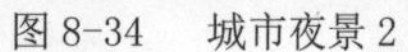
图 8-34　城市夜景 2

图 8-35　锡林河夜景

城市雕塑：锡林浩特市的城市雕塑较多以马文化为主题，充分体现了“草原马都”的特色风貌。

图 8-36　锡林大桥桥头雕塑

图 8-37　锡林广场雕塑夜景

图 8-38　蒙元文化广场主雕塑

建筑风貌：锡林浩特市有着悠久的历史和多民族相互交融的优良传统，其文化以传统的蒙古族游牧文化为主，并深受外来文化和现代文化的影响。表现在建筑风格上，主要有传统古典式蒙元风格建筑、在现代风格中融入蒙古族元素的现代蒙古族建筑，及以简洁舒展的几何形体表达草原自然特点的现代地域风格建筑。

图 8-39 锡林郭勒盟博物馆

图 8-40 胜利能源大厦

图 8-41 中国马都核心区

图 8-42 动植物科技园

图 8-43　蒙古丽宫酒店

图 8-44　民族风格商业建筑

图 8-45　锡林浩特体育馆

图 8-46 锡林浩特第三小学

8.3 锡林浩特市城市风貌体系和要素

8.3.1 锡林浩特市城市风貌体系

锡林浩特市中心区以现代草原城镇风貌为主要特征，将“水、山”引入城市之中，与城市和寺庙融合为一体。“山”：指城市北部的敖包山，为锡林浩特市提供了自然独特的自然背景。“水”：位于城市西侧的城市母亲河——锡林河，融入城市发展和市民生活，为城市内部空间风貌增添了自然特征。“庙”：城市北部中心的贝子庙，是城市文化历史的记忆节点。“山、水、庙”相互影响、作用，共同构成草原上的现代宜居“城”市。

表 8-1 锡林郭勒盟风貌体系

“山”	城市发展依敖包山为起源，是城市发展的主要背景
“水”	锡林河贯穿城市，蜿蜒的河流缓缓流经城市，是城市主要的开敞空间，是被市民情切地称为“母亲河”
“庙”	“贝子庙”是城市发展的起点，也是城市布局和景观风貌的核心
“城”	城市的形成与发展都与“贝子庙”有着紧密的联系，城市由其演变发源而来，与“山水”要素共同构成城市的主要格局

在此优良的山水格局中，“引山纳水”的生态城市格局，依托“贝子庙”延续和发展城市空间，自然要素和人文元素共同作用，展示锡林浩特市的主要景观节点、标志性建筑、开敞空间、视觉廊道等。传统历史文化孕育城市发展文明，生态环境基底构建城市可持续发展格局。锡林浩特市正逐步形成历史结合现代、宜居舒适的现代化草原新都市。

8.3.2 锡林浩特市城市风貌要素

锡林浩特城市“山、水、庙、城”的风貌体系，在操作层面则体现在具体的风貌要素上，依照自然、文化和人工子系统的顺序总结有：自然基底、人工景观、开敞空间、城市天际线、城市色彩、建筑风格、特色街区、空间格局、城市夜景、雕塑小品等。

8.4 结语

锡林郭勒盟拥有中国四大草原之一的天然资源，具有马背文明孕育的古老的游牧文化和民族艺术，在这神奇悠久的土地上，城镇开敞有秩的空间充分融入自然环境，展现了现代草

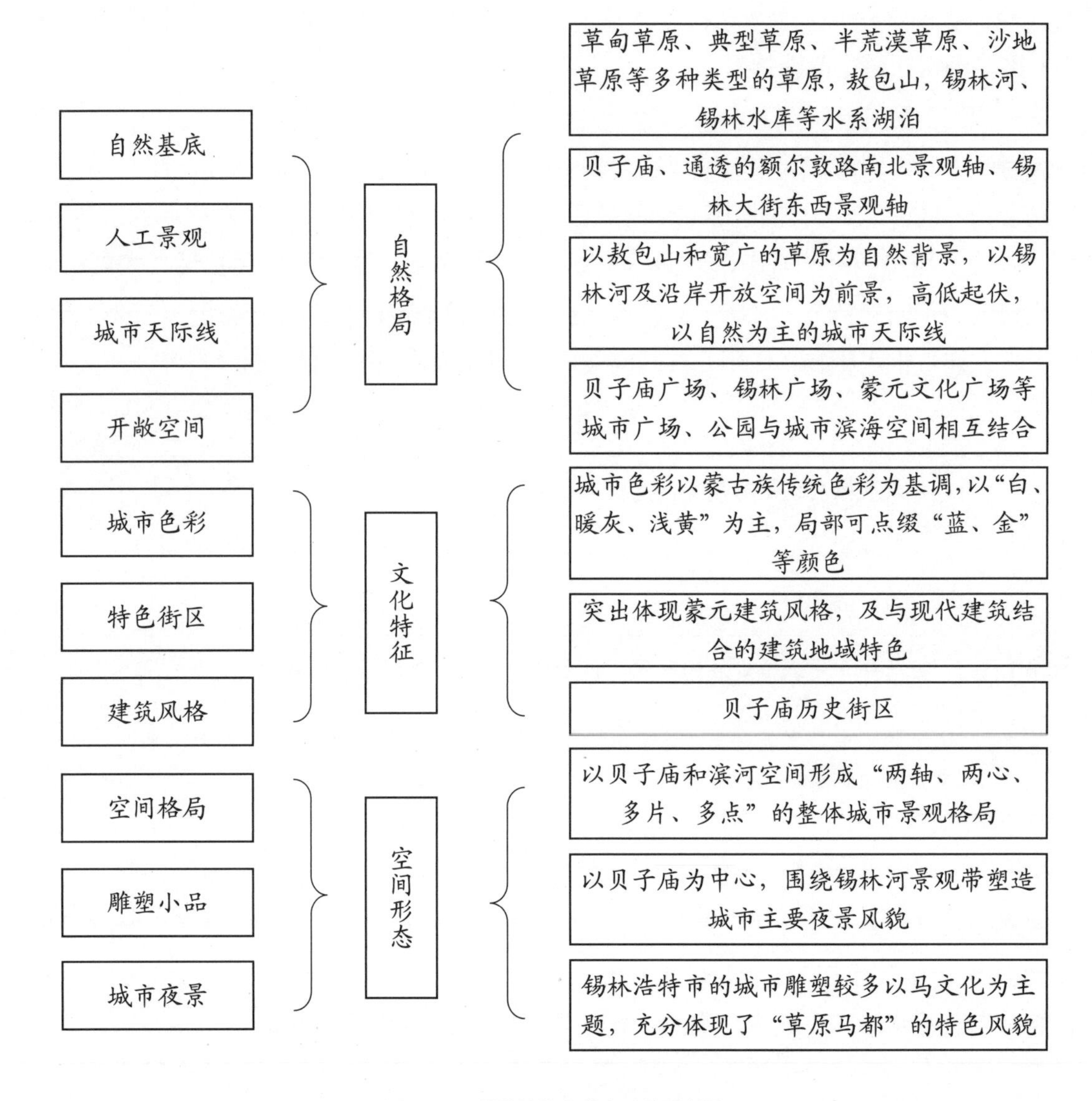

图 8-47 锡林浩特市城市风貌要素图

原城镇的鲜明特点。民族文化长河孕育了城镇文明的产生，多数主要城镇“因庙而生”、体现了强烈的民族文化性。城镇变迁中隐含了自然与文化的影响作用关系，城镇空间与建筑形式流露出草原与人类活动相互改变、适应、融合的形态风貌。

“多样草原”：多种类型的草原是城镇风貌塑造的自然基底。“城”立于锡林郭勒大草原之上，锡林河等河流之间，碧水环绕，绿网镶嵌，在充分发挥好草原与河流优质自然资源的前提下，自然与人工有机结合，形成了城市风貌良好的生态自然环境。

“游牧圣地”：蒙古族的传统文化、宗教文化与现代文化的交织、融合，造就了独特的草原文化特质。锡林郭勒悠久而丰富的马文化特质，以开阔的北方游牧文化为基础，塑造了中国马都的文化特色。不同历史时期形成的文化特质以物质或非物质遗存的形态影响着城市居民的日常生活和城市的建设与发展。

“草原新都”：“山、水、庙、城”塑造了城镇的基本格局，如锡林浩特市依托贝子庙发展起来，既保留了历史街区的肌理，又体现了现代化的草原宜居城市风格。历经千年的发展变迁，城市内原有的贝子庙历史空间格局记载和传承了城市的历史文化，亦成为体现城市特色风貌的重要载体，与现代产业文明形成了古今辉映的城市风貌。

8.5 中国历史文化名镇——多伦诺尔镇

多伦县位于锡林郭勒盟的南端阴山北麓东端。多伦曾因庙而兴、因商而盛，是整个蒙古地区的宗教中心和“旅蒙商”真正形成并享誉世界的发祥地。1913 年，民国政府废多伦诺尔抚民厅，设为多伦县。1958 年 10 月，锡林郭勒盟和察哈尔盟合并，撤销察哈尔盟建制，多伦县隶属锡林郭勒盟至今。

多伦属于温带半干旱向半湿润过渡的典型大陆性气候，总面积 3863 平方公里，多伦县有汉、蒙古、回、满、朝鲜、 达斡尔、藏、白、侗、壮 10 个民族。常住人口 10.15 万人，其中蒙古族人口 5398 人，占全县人口的 4.9%。辖 2 镇 3 乡，64 个行政村。多伦诺尔历史文化底蕴深厚，历史上一直是汉地农耕文明与北方游牧文明相冲突和融合的最前沿，有保存较为完整的清代建筑群落。2008 年获中国历史文化名镇荣誉称号，2010 年获全国特色景观旅游名镇荣誉称号。

8.5.1 历史文化景观风貌子系统——饱经沧桑的宗教圣地

自康熙中叶至光绪末年，历经 200 余年不断建设所形成的多伦古镇，是以寺庙建筑和商号宅院为主体的建筑群落，其代表性建筑组群汇宗寺、善因寺、山西会馆、清真寺和著名商号的商号宅院等，规模不同，形制各异，其风格以晋风民居建筑形式为主，兼融蒙藏文化内涵，构成了草原商业古城的特点。汇宗寺、善因寺展现了皇家寺院的恢宏大度和豪华及藏传佛教的博大精深。山西会馆和商号宅院体现了晋商文化的细腻和中原建筑风格的精巧；清真寺的建筑则表达了伊斯兰教艺术的素雅。其中充满了多元化的文化魅力，透视出了多伦诺尔镇这座曾繁荣于清代 200 余年的蒙古草原寺庙之都和旅蒙商之都的历史文化。

特色。这些实物载体对研究内蒙古地区藏传佛教的兴衰，对研究旅蒙商的发展衰落等问题，极具价值。

图 8-48　多伦古镇现状街区、建筑特色

汇宗寺位于多伦县旧城北 2 公里处，2001 年被列入全国重点文物保护单位。清康熙三十年（1691 年），康熙皇帝在今多伦附近会见内外蒙古各部、旗王公、台吉（史称“多伦会盟”，又称“康熙会盟”），并应各部蒙古王公所请，答应“愿建寺以彰盛典”，开始修建寺院。寺庙设计由哲布尊丹巴活佛主持建造，于 1712 年三月全部竣工。1713 年赐寺名为“汇宗寺”，康熙亲题匾额，御书汇宗寺碑文和汉白玉碑一对。1732 年外蒙古哲布尊丹巴活佛因故移居多伦淖尔，成为整个蒙古地区藏传佛教中心。

图 8-49　汇宗寺

8.5.2 空间形态景观风貌子系统——古今交融的现代草原小镇

多伦淖尔镇为多伦县的县政府所在地，多伦诺镇可以将其空间格局分为古镇和现代生活区。古镇空间可以分为庙宇和街区两部分，庙宇主要为汇宗寺和善因寺，位于小河子河北岸，街区位于小河子河南。多伦诺尔在城市形态格局上基本延续了历史上的街巷格局，肌理保存比较完整。古镇道路网格局和传统街巷呈现棋盘式。多伦淖尔是蒙古族人民敬仰的藏传佛教圣地之一，同时也是内蒙古自治区与晋商文化等其他地区文化相互碰撞交融的地区。城市中的滨水区和历史街区是多伦淖尔镇风貌的主要展示区。

图 8-50 多伦诺尔部分寺庙分布图

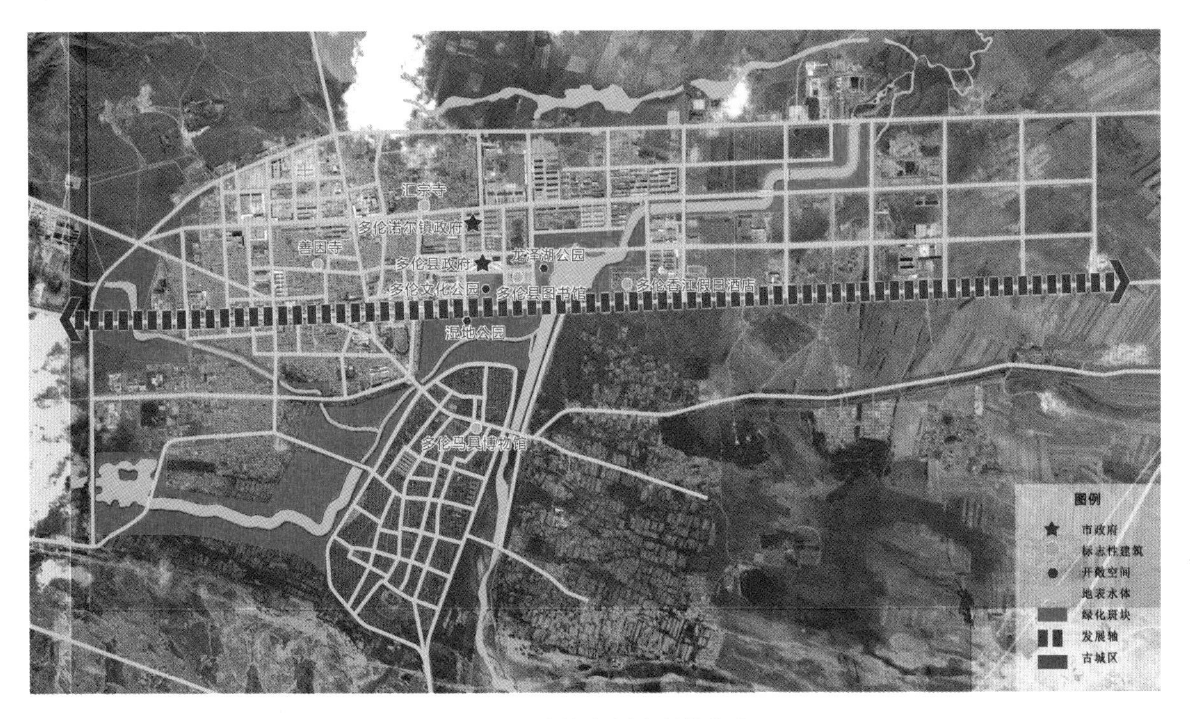

图 8-51 多伦城镇空间结构体系

第 9 章 “古道新驿”——乌兰察布市风貌区

图 9-1 乌兰察布市集宁新区体育场馆

9.1 乌兰察布市风貌区概况

“乌兰察布”为蒙古语，意为“红山崖口”，因地处长城以北农牧过渡带，历史上就是中原王朝与北方少数民族交汇交融的地区。战国始，至北魏、隋唐、宋、元、明、清时期，先后有拓跋鲜卑、突厥、契丹、女真和蒙古等少数民族统治该地区。至元代，在今集宁区修建了集宁路，成为“集宁”一名的由来。

图 9-2　乌兰察布市区位示意图

1950 年，乌兰察布盟人民自治政府成立，2003 年撤盟设市，现为乌兰察布市。现辖 11 个旗县市区，全市东西长 458 公里，南北宽 442 公里，总面积 5.45 万平方公里。2016 年市域总人口 274 万人，常住人口 211 万，以蒙古族为主体，汉族居多数。

因其显著的区位优势，乌兰察布市在自治区发展中承担着连接我国东北、华北、西北三大经济圈和亚欧经济带的交通枢纽功能，也是自治区东进西出的“桥头堡”、北开南联的“交汇点”。在近年的城市建设中，因其成果斐然的生态环境修复工程，2014 年获得自治区“人居环境范例奖”，2016 年被评为国家园林城市，并被誉为“建在玄武岩上的美丽园林城市”。

9.2 乌兰察布市城市风貌系统构成

乌兰察布市城乡风貌系统包括自然生态景观风貌子系统、历史文化景观风貌子系统、空间形态景观风貌子系统。

9.2.1 自然生态景观风貌子系统——望山见水

乌兰察布市地貌类型多样，自北向南由蒙古高原、乌兰察布丘陵、阴山山脉、黄土丘陵四部分组成。大青山东段灰腾梁横亘于中部，大青山以南地区，地形复杂、丘陵起伏、沟壑纵横、间有高山，最南部为黄土丘陵。大青山以北地区，丘陵与盆地相间，有大小不等的平原。

图 9-3　乌兰察布市全貌

水资源分布受地形影响，大青山南北差异较明显。

图 9-4　霸王河

受自然条件影响，乌兰察布市中心城区地形起伏较为明显，新旧城市以白泉山为界，形成了“一山隔两城”的空间格局，并以老虎山、卧龙山和生态修复后的玉泉岭河、霸王河共同构建了“三山两河”的自然山水格局。

图 9-5　白泉山

良好的水系条件与植被覆盖率较好的山体成为建设城市景观廊道和景观节点的重要基础，有利的山势和地形高差则形成了良好的城市眺望系统。

9.2.2 历史文化景观风貌子系统——承古开今

乌兰察布市形成于清朝康熙年间（1662~1722 年），因蒙古四部六旗会盟于四子王旗境内的“红山崖口”而得名，称为乌兰察布盟，迄今已有三百多年的历史。明清时期，乌兰察布地区是内地与内外蒙古地区的重要交通枢纽和物流集散地，是草原丝路上的重要节点之一。1950 年 4 月，乌兰察布盟人民自治政府成立，2003 年 12 月，经国务院批准，正式撤盟设市。

图 9-6 乌兰察布市集宁路遗址

图 9-7 古长城遗址

深厚的历史文化积淀在乌兰察布市地区留下了大量的文化遗存，如乌兰察布岩画、新石器时期文化遗址、古长城文化遗址等。其中，“大窑文化”遗址是迄今为止中国发现的年代最早、规模最大的古代石器制造场。在乌兰察布地区境内有三处旧石器制造场和新石器制造场，表明了早在近万年前人类就在此繁衍生息。“乌兰察布岩画”的创作时期从百年至万年前，是中国北方草原岩画的重要组成部分，代表着北方古代游牧民族文化的延续。元代集宁路遗址，展现了元代路一级的城市规模与建设格局，亦见证了乌兰察布地区昔日“使者相望于道，商旅不绝于途”的辉煌的经济发展历程。从“草原丝绸之路”、“欧亚茶驼古道”、“走西口”到近现代国内战争时期，乌兰察布市均以其优越的区位条件在不同时期占据了重要的战略地位，也成为其城市文化特征形成的历史源起。

“大窑文化”、“察哈尔文化”、“西口文化”以及“红色文化”等，不同特征的历史文化对乌兰察布地区的生活习俗与节庆活动影响深远。如察哈尔婚礼、察哈尔毛绣等源于察哈尔文化，隆盛庄庙会等则源于中原汉文化传播的影响，成为乌兰察布地区区别于内蒙古其他地区的特色文化节庆活动。近年，利用良好的城市建成环境与区位优势，乌兰察布市陆续举办了“国际皮草节”、“国际马拉松”、“国际露营大会”等国际或国内赛事和活动，成为城市重要的文化宣传与塑造形象的途径之一。

在历史文化风貌子系统中，除了早期的传统文化影响之外，萨满教、佛教、道教等宗教文化对乌兰察布地区的城市建设及建筑风貌均有不同程度的影响。如藏传佛教在该地区广泛传播时期建设了大量的藏传佛教寺庙，留存至今的有四子王旗王府庙、锡拉木伦庙等。

图 9-8　锡拉木伦庙 1

图 9-9　锡拉木伦庙 2

图 9-10　锡拉木伦庙建筑细部 1

图 9-11　锡拉木伦庙建筑细部 2

9.2.3 空间形态风貌子系统——古道新驿

乌兰察布市地区自古以来就是草原丝绸之路、欧亚茶驼之路的交通要冲和货物集散地，并依托区位优势，逐渐发展成为内蒙古西部地区和呼包鄂城市群向东拓展，与首都一小时经济圈交接的门户城市，以及中国连接外蒙古以及俄罗斯，向北亚对外开放的国际性城市。其现状空间发展形态与交通功能的组织密切相关，沿着主要交通线路形成“一主一副，两通道”的轴线关系和主体空间格局。

中心城区总体格局为“一市、二区、三组团”，围绕“三山两河”为城市空间结构和景观主线构建的基底环境，利用良好的自然景观如老虎山、白泉山、霸王河、玉泉岭河、沙河等山水环境，结合白泉山生态公园、虎山公园等人工景观，与特色街区、特色建筑、雕塑小品等穿插形成现代城市景观风貌。

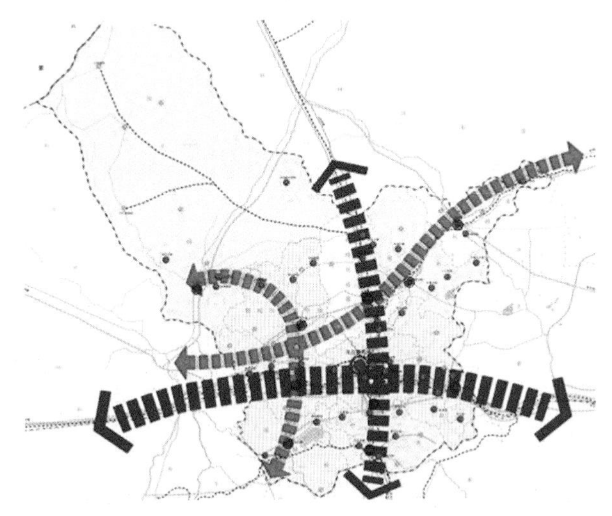

图9-12 乌兰察布市城镇空间结构示意图

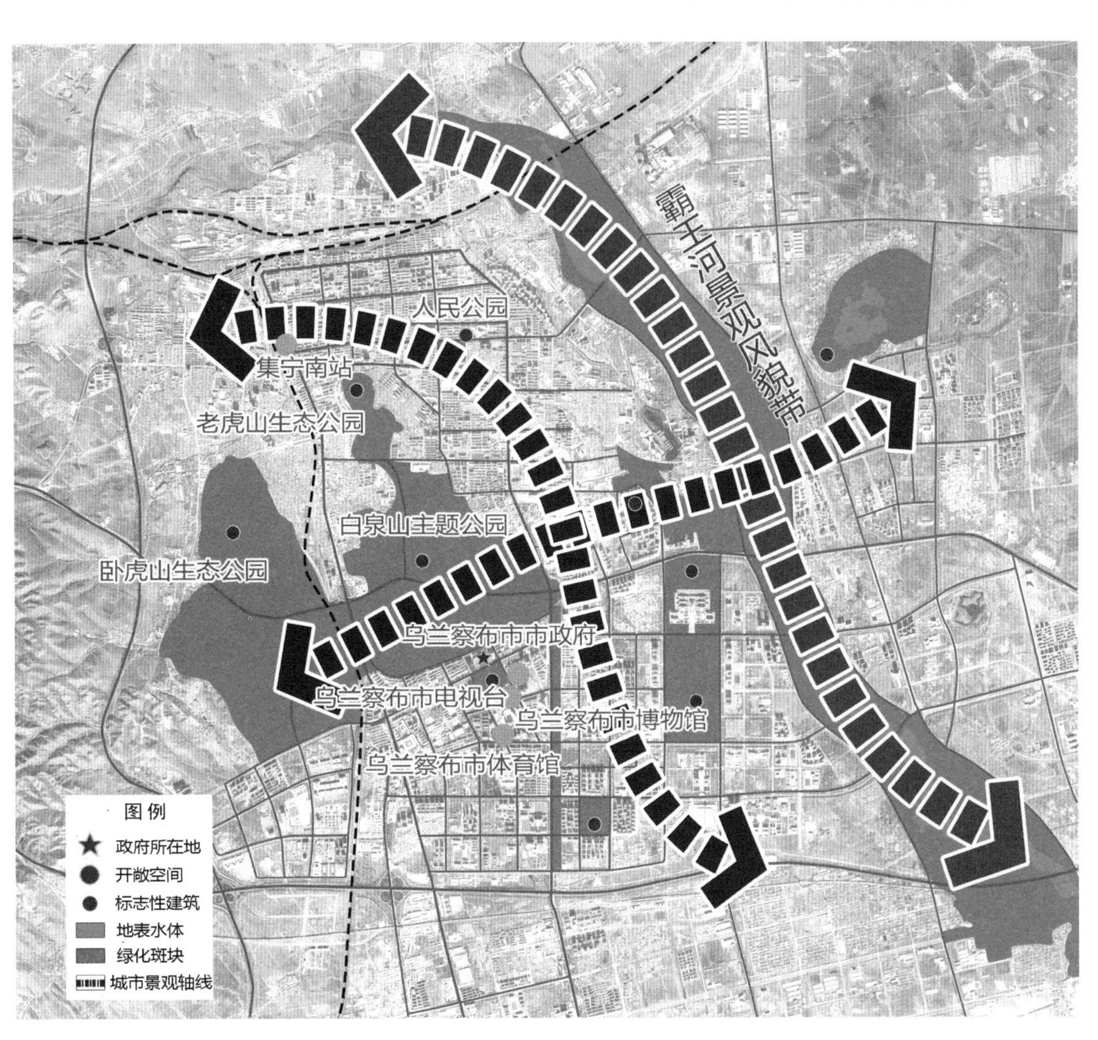

图9-13 乌兰察布市中心城区空间结构和景观系统示意图

城镇天际线：城中地势起伏，从山体上远眺黄旗海和霸王河，形成良好的眺望系统，视线通透舒展，城市空间层次丰富。

图 9-14　从白泉山鸟瞰集宁区

图 9-15　霸王河公园建筑天际线

景观廊道：沿霸王河和玉泉岭河的西北—东南向城市滨水景观风貌带；以察哈尔大街向东形成的现代城市建设风貌带。

图 9-16　察哈尔大街景观廊道

图 9-17　霸王河景观廊道

特色街区：内蒙古乌兰察布市集宁区虎山商贸街，位于集宁新旧区交会点——老虎山公园的西侧，以明清风格的建筑为主。

图 9-18 集宁区虎山商贸仿古街 1

图 9-19 集宁区虎山商贸仿古街 2

开敞空间：依托白泉山、老虎山和卧龙山塑造的城市公园，兼具生态修复和市民活动功能。

图 9-20 老虎山公园

图 9-21 白泉山主题公园

图 9-22 白泉山公园一角

图 9-23 华灯初上

图 9-24 霸王河公园

城市夜景和雕塑小品：乌兰察布市主要在新区塑造城市主要夜景风貌，以体现城市所特有的文化底蕴。雕塑小品多以蒙元文化为主。

图 9-25　体育场夜景

图 9-26　乌兰察布市霸王河景观桥夜景

图 9-27　集宁古街夜景

图 9-28　集宁霸王河大桥

图 9-29　纳尔松公园博克雕塑

特色建筑：乌兰察布市文化发展多元，包括察哈尔文化、西口文化等独具特色的草原生态文化，建筑风格主要有传统风格建筑、地域气质建筑和现代风格建筑。

传统风格建筑：传统风格建筑主要有明清风格建筑和新中式建筑。

地域气质建筑：地域气质建筑主要有古典式蒙古族建筑、现代蒙古族建筑。

现代建筑：采用新材料、新结构，灵活均衡、非对称构图，采用简洁的处理手法和纯净的体形。

图 9-30　集宁区虎山商贸仿古街

图 9-31　集宁区政府办公楼

图 9-32　察哈尔民俗博物馆

图 9-33　集宁战役展览馆

图 9-34　乌兰察布市体育馆

图 9-35　乌兰察布博物馆

图 9-36　集宁区行政办公建筑

图 9-37　乌兰察布市汽车客运总站

9.3 乌兰察布市城市风貌体系和要素

9.3.1 乌兰察布市城市风貌体系

作为曾经的丝绸之路的历史重镇、茶马古道的边贸商埠，乌兰察布市的起源与发展、历史文化的形成与延续均与其区位条件有着密切联系。特色自然景观风貌系统以高低起伏的地势和着力塑造的自然生态形成了园林绿地与城市空间相互渗透的城市山水园林格局，营造了良好的人居环境与城市景观风貌；悠久的远古文化与察哈尔文化、西口文化等构成了乌兰察布市的核心文化力，与近代的红色文化和现代产业文化相结合，形成了今天现代城市风貌建设的深厚底蕴。

表 9-1 乌兰察布市风貌体系

“山”	主要有老虎山、白泉山，以及阴山山脉灰腾梁南麓
“水”	指的是穿城而过的霸王河、玉泉岭河和沙河
“园”	以城市出入口、中心区公园（虎山公园、植物园）和广场（中心广场、市民广场）等形成的城市功能景观节点，成为城市绿化工程的亮点
“林”	城区周边的草场、农田、林地为城区提供了具有田园风貌的大地景观

9.3.2 乌兰察布市城市风貌要素

乌兰察布市的城市风貌以“山、水、园、林”为基础构建风貌系统，可进一步分为自然生态景观风貌子系统、历史文化景观风貌子系统和空间形态景观风貌子系统。城市所在地区的自然、文化与历史的地域性特征以直接或间接的方式体现在具体的风貌载体中，包括：城市的自然基底和人工景观、空间格局、开敞空间、城市天际线、城市色彩、建筑风格、特色街区、雕塑小品等。

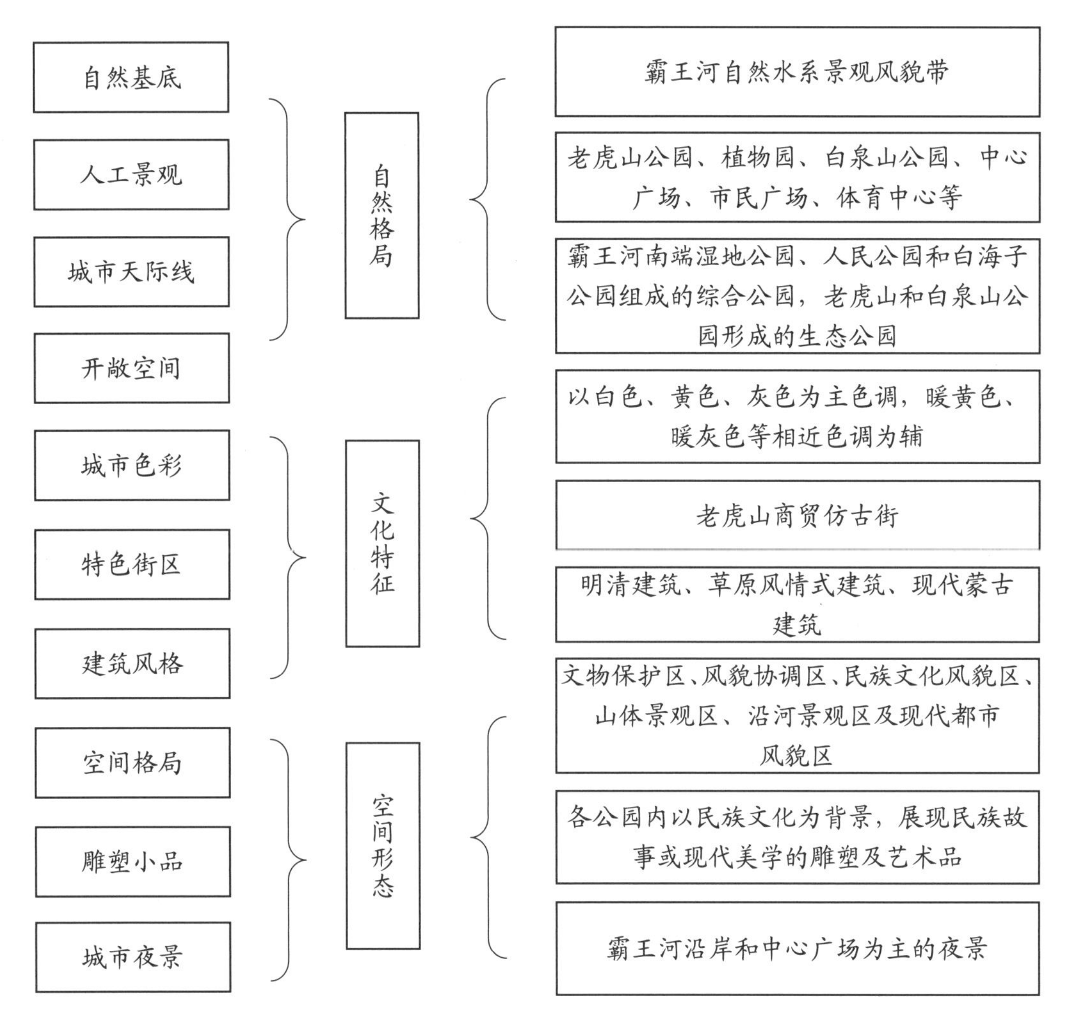

图 9-38　乌兰察布市城市风貌要素图

9.4 中国历史文化名镇——隆盛庄

图 9-39　隆盛庄街巷

隆盛庄，位于丰镇市东北部，历史上曾是明长城三道边上的重要关口——威宁口，早在辽金元时期，便是“草原丝绸之路”中一条重要的商贸通道。乾隆三十二年（1768 年），清政府招民在此垦荒建庄，取乾隆盛世之意，定名为隆盛庄，凭借晋冀两大商道交会处得天独厚的交通枢纽优势，成为旅蒙商贸的集散地和旱码头，至清末民初成为商业重镇。

隆盛庄镇于 2012 年底被住建部、文化部、财政部确定为全国首批传统村落，2014 年 3 月被住建部、国家文物局列为中国历史文化名镇。

作为一座拥有 300 多年历史的文化古镇，镇内至今保存有大量古店铺、古门阁、古寺庙和四合院等历史建筑。

图 9-40 清真寺

图 9-41 芦家大院

镇区域内共有 6 条大街、42 条小巷，清真寺和南庙等宗教建筑已被列为自治区级文物保护单位；另有保存较完整的民居院落，如芦家大院、段家大院等四合院民居，主要分布在四老财巷、大巷、聚财巷，建筑保存相对完整，石雕、石门蹲、石拴马桩均得以保存。民房装修不饰色彩，但大量使用富有装饰效果的砖雕、木雕，成为隆盛庄传统民居和民间工艺的一大特色。

隆盛庄的传统文化丰富，有“正月十五元宵日”、“三官社”、“民间社火”活动，有二月二舞龙灯、耍旱船、四美庄“四脚龙舞”等民间舞蹈，及四月八（奶奶庙会）、六月二十四等传统庙会。其中六月二十四古庙会从清代延续至今，已经有 200 多年历史，于 2007 年被列为自治区级非物质文化遗产。

隆盛庄是草原文化与晋文化融合的结晶、草原丝绸之路上的重镇。古香古色的历史建筑与街道印象，是现代城市景观中的历史记忆。保存文化，融入新生活、新产业，应近一步对历史文化名镇进行创意更新改造，使其焕发出历史的韵味与时代的进步，展现出历史古镇的现代风貌。

9.5 结语

乌兰察布市作为内蒙古自治区距首都北京最近的城市，是内蒙古自治区东进西出的“桥头堡”，依托其“望山见水”的良好自然地理优势和“承古开今”的深厚历史文化底蕴，“古道新驿”焕发出新的生机。

图 9-42　隆盛庄南寺庙

望山见水：大青山的支脉与辉腾锡勒草原是乌兰察布地区优越的自然景观条件，在近年的大力绿化工程建设之后，营造出良好的山水格局。利用良好的地势条件，因势利导，构建了山地城市独有的自然景观与眺望系统。

承古开今：众多的古文化遗址、浓厚的察哈尔民族文化和近现代的红色文化、产业文化相结合，使得乌兰察布市在文化特质方面独具魅力；区位条件优越、交通便捷，使得集宁区成为凝聚乌兰察布经济与文化发展力量的核心区域，这座北方草原山城以其悠久的文化传承与高度的兼容性，营造出一个古老茶道上欣欣向荣的新城。

古道新驿：丝绸之路、草原茶马古道和集宁路上的古老驿站，是乌兰察布市城市的起源，新时期交通条件的快速发展是其重要的区位优势；当优良的自然基底与生态环境的恢复改造融为一体、自然景观与人工景观有机结合时，城市与自然建立了前所未有的密切联系。依托自然山水环境，构建城市景观体系，成为乌兰察布市改善人居环境、塑造园林城市的重要基础。古老的交通要道与今天的交通枢纽在时空上重叠、延伸，区位的优势对城市发展的影响不断放大与扩展。

第 10 章 “天骄圣地”——鄂尔多斯市风貌区

图 10-1 康巴什中心景观

10.1 鄂尔多斯市风貌区概况

“鄂尔多斯”为蒙古语，意为“众多的宫殿”。其地处内蒙古自治区西南部，西北东三面为黄河环绕，南临古长城，毗邻晋陕宁三省区。鄂尔多斯历史悠久，距今 14 万到 7 万年前，“河套人”就在鄂尔多斯市乌审旗境内的萨拉乌苏河（又名无定河、红柳河）流域繁衍生息，创造了著名的古代“鄂尔多斯”文化，史称“河套人文化”。

图 10-2　鄂尔多斯市区位示意图

鄂尔多斯市市域面积为 86752 平方公里，辖 7 旗（伊金霍洛旗、准格尔旗、达拉特旗、杭锦旗、乌审旗、鄂托克旗、鄂托克前旗）、2 区（东胜区、康巴什）。全市常住人口 205.53 万人，其中城镇人口 151.15 万人。

鄂尔多斯市域内自然资源富足，是其快速增长的动力源泉，更是鄂尔多斯作为国家级能源及化工基地的重要保障。除此之外，拥有优越地理区位条件的鄂尔多斯是内蒙古核心都市区“金三角”战略的有力支撑点，同时也是西部大开发重要的区域经济增长极城市。基于良好的资源条件和城市建设，鄂尔多斯曾先后获得“国家森林城市”、“全国文明城市”、“中国优秀旅游城市”、“全国最具创新力城市”、“全国生态园林城市”等称号。

图 10-3　成吉思汗陵

10.2 鄂尔多斯市城市风貌系统构成

鄂尔多斯市城市风貌系统包括自然生态景观风貌子系统、历史文化景观风貌子系统、空间形态景观风貌子系统。

10.2.1 自然生态景观风貌子系统——城绿相融

鄂尔多斯地区地势起伏不平，西北高东南低，地形复杂，东北西三面被黄河环绕，南与黄土高原相连。地貌类型多样，平原约占总土地面积的 4.33%，丘陵山区约占总土地面积的 18.91%，波状高原约占总土地面积的 28.81%，毛乌素沙地约占总土地面积的 28.78%，库布其沙漠约占总土地面积的 19.17%。

图 10-4 乌兰木伦河景观

城区周围绵延的山脉成为构建城市自然景观的天然山体背景，乌兰木伦河、三台基川、阿布亥沟、吉鲁庆沟等自然水系环山绕城。其中乌兰木伦河、阿布亥沟、吉鲁庆沟介于各片区之间，形成片区间的自然景观过渡带；三台基川则穿城而过，构成东胜区自然生态廊道。城市内部公园广场借自然山水之势以营造人工景观，并通过绿楔形式将自然景观引入城市，形成绿色生态的园林城市。

图 10-5 红海子湿地公园

10.2.2 历史文化景观风貌子系统——天骄圣地

鄂尔多斯原名为伊克昭盟，是元太祖十五达延汗第三子孛儿只斤 · 巴尔斯博罗特所管辖的鄂尔多斯万户所在地。元朝归附清后，清政府先后在鄂尔多斯部内设立了扎萨克旗、扎萨克郡王旗、东胜厅等。民国时期，将东胜厅从罕台庙乡迁至羊场壕乡，改为东胜县。中华人民共和国成立前，成立伊克昭盟人民政府，东胜县为其行署所在地，于原郡王旗霍洛成立达尔扈特区。中华人民共和国成立后，东胜县先后撤县设市，撤市设区，但仍为伊克昭盟行政中心。2001 年伊克昭盟正式更名为鄂尔多斯市，2004 年建设康巴什新区，并将伊金霍洛旗（郡王旗）阿勒腾席热镇纳入主城区建设范围。

鄂尔多斯地区发展历史悠久，不同时期的多民族文化在此融汇并存。三万多年前旧石器时代的“萨拉乌苏遗址”、“朱开沟遗址”等为代表的古文化遗址以及独特的少数民族祭祀文化与礼仪文化等，见证了鄂尔多斯市从石器时代起，青铜器文化、游牧文化和农耕文化的融合与发展。深厚的历史文化积淀，铸就了如今丰富多彩的鄂尔多斯市城市文明，如成吉思汗陵、郡王府等历史建筑以其代表的文化传承和独特的传统建造技艺成为城市历史文化风貌子系统的重要组成部分。

图 10-6 成吉思汗陵 1

图 10-7 成吉思汗陵 2

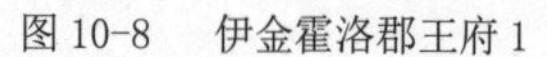
图 10-8 伊金霍洛郡王府 1

图 10-9 伊金霍洛郡王府 2

郡王府，始建于清朝，为多罗郡王府邸，整体建筑为砖、木、石结构，硬山顶与平顶结合，融蒙、汉藏建筑风格于一体。建筑内部画阁雕梁、龙纹凤彩，极其富丽堂皇。

现代建造的不同文化题材的建筑单体、公园、广场、雕塑等以直接或间接的方式将鄂尔多斯深厚的文化底蕴反映在城市建设中，体现了鄂尔多斯市在新时期对于历史文化的传承与创新。如青铜文化博物馆、广场以及以青铜为材料铸成的雕塑小品，以创新的姿态延续着青铜文化；以蒙古源流为主题的元大都影视基地利用现代技术再现了元朝统治时期的恢宏气势。古老的民族与地区文化在鄂尔多斯以祭祀、婚礼和歌舞、服饰等形式得以传承和保留，另一方面又以更加具有创新精神的姿态进行着革新与发展。

图 10-10 元大都影视基地

图 10-11 成吉思汗祭祀

成吉思汗祭祀是窝阔台汗根据萨满教的教规习俗创建的成吉思汗祭奠活动，是蒙古贵族最高规格的祭祀活动。

图 10-12 鄂尔多斯婚礼

鄂尔多斯婚礼是至今仍完整地保留着传统婚礼仪式程序的习俗，具有丰富而深厚的蒙古族传统文化内涵。

10.2.3 空间形态景观风貌子系统——圣韵新城

鄂尔多斯市通过建立“紧凑型城市与开放型区域”相结合的城镇体系空间形态，将各地方分散、独立发展的城镇向重点地区集中，在空间上形成具有适度密集形态、网络状的城镇群体空间和具有宽阔开敞形态的区域。如今的鄂尔多斯形成了“一主两副四轴”的市域城镇空间结构。由东胜区、康阿片区等组成的中心城区是市域城镇体系的核心，树林召镇、薛家湾镇是体系的两个副中心，沿交通干线、综合运输通道等，建立了包西、荣乌、沿黄、沿边等四条城镇发展轴。

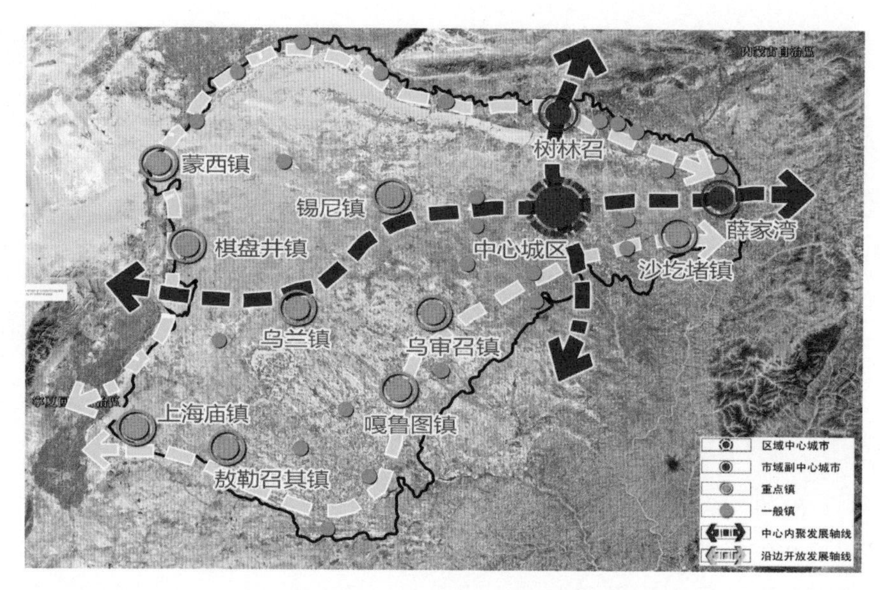

图 10-13　城镇空间结构示意图

由于受地形及水资源条件的限制，鄂尔多斯东胜区周边地区发展备用地较为紧张，亦不足以支撑“大工业”的发展需求。2004 年，康巴什新区开始建设，伊金霍洛旗（郡王旗）阿勒腾席热镇被同时纳入主城区范围。鄂尔多斯市主城区由原来“单一中心”发展形成由东胜核心组团、康阿组团（康巴什、阿镇）组成的“组团式”发展模式，并通过中部综合服务功能轴连接，形成了东部产业集聚带和西部新兴功能拓展带，奠定了“一城双核、一轴两带多组团”的城市格局。

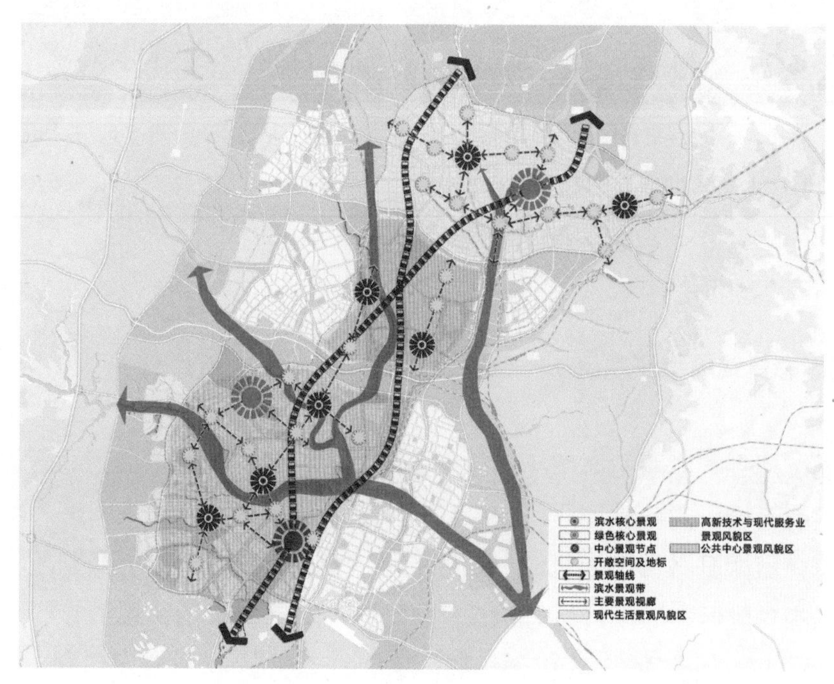

图 10-14　鄂尔多斯市中心区风貌结构示意图

鄂尔多斯市城市总体景观风貌格局则以城市空间总体格局为基础，融合周边自然山水与人文景观，以“一城、两轴、三区、四带、多节点”构建了城市景观风貌系统。“一城”即鄂尔多斯中心城区，塑造一个山、水、绿、城和谐共生的宜居草原生态新城。通过东康快速路、东康第四快速路两条南北景观轴线串联相互独立的三个风貌区（东胜核心组团现代生活景观风貌区、东胜拓展组团高新技术和现代服务业景观风貌区、康阿组团城市公共中心景观风貌区）；乌兰木伦河、阿布亥沟、吉鲁庆沟、三台基川四条河流则形成了城市中心区滨水自然生态景观带；公园、广场等构成的城市景观节点起到点缀作用，与景观轴线、风貌区共同形成主城区总体舒展宜居的景观形象。

图 10-15　东胜区城市景观图

鄂尔多斯市是由多个独立组团构成的复合型城市，各组团个性鲜明，不论是建设时间还是发展历程都独具特点。以东胜核心组团、康阿组团为代表的城市景观展现了鄂尔多斯市新型的城市风貌。

1. 东胜核心组团——魅力宜居之都

东胜核心组团主要在铁东老城区的基础上发展而来，城市总体风貌既保留了老城的生活韵味，也增添了新城的崭新面貌，同时也顺应时代发展融合多元文化，体现了舒适宜人的城市现代生活景观风貌。

景观轴线：东康快速路、东康第四快速路组成中心城区两条主要景观轴线，每个片区又有内部独立的景观轴线，以大轴线串联片区内部轴线形成中心城区的景观网络。东胜核心组团的景观网络是由以万正路、天骄路、鄂尔多斯街等城市主干路为依托的道路景观轴线和以三台基川为基底的自然景观轴线构成。

图 10-16　东胜区万正路景观

城市广场：青铜文化广场、鄂尔多斯广场、林荫广场等构成城市开放性的城市景观，体现城市人文景观特色及文化内涵。

城市公园：伊克昭公园、东胜公园、气象公园、三角洲公园、鹿苑、三台基景观公园等构成城市绿色基础设施，提升城市绿色宜居性。

图 10-17　伊克昭公园

图 10-18　东胜公园

图 10-19　青铜文化广场

图 10-20　鄂尔多斯广场

城市夜景：以城市主街道、铁西公园、三台基景观湖的灯光设计为标志的城市夜景再现东胜区城市风貌，突出了其地貌特征及标志性区域，以绚丽的灯光重新勾勒了城市轮廓线。

图 10-21　东胜区夜景 1

图 10-22　东胜区夜景 2

城市天际线：城区中绿地、水域、山体、建筑等元素和谐共生，书写城市意向，形成了东胜核心组团个性突出的城市轮廓线。借森林公园山顶地势可眺望城市内部各风貌要素。

图 10-23　东胜区鸟瞰图

建筑风貌：建筑是体现城市风貌的重要载体，东胜核心组团的建筑以展现其浓厚的青铜文化及蒙元文化为主，将传统文化元素与现代科技相结合，形成了兼具传统风格、地域气质、现代元素的城市建筑风貌，建筑风格有传统风格建筑、现代风格建筑等，同时也保留了盟行政公署在内的一批历史风貌建筑，承载着城市发展记忆。

图 10-24　革命历史博物馆

图 10-25　青铜博物馆

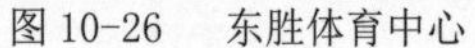

图 10-26　东胜体育中心

图 10-27　鄂尔多斯恰特影剧院

2. 康阿组团——时尚草原新城

康阿组团由康巴什、阿勒腾席热镇组成。

康巴什是崛起于鄂尔多斯草原上的魅力新城，北靠青春山，南临红海子湿地，乌兰木伦河三面环绕，凭借优势自然条件，康巴什规划建设顺应地形原貌，形成了显山露水、舒展大气、错落有致的城市风格。城市开敞空间布局设计多以展现鄂尔多斯深厚的文化内涵、独特的自然风景、热情浓烈的人文和多彩的民族风情为主，主题突出，个性鲜明。

阿勒腾席热镇与康巴什隔河岸相对，是在原貌基础上改建而成的新城，基本保留了旧城街道格局，同时向北向南拓展了城市空间，与康巴什联合形成康阿综合片区。区域功能主要以公共服务、商务办公、新兴产业培育和居住为主，城市建设不仅融合现代科技，同时以体现地域文化为宗旨，全新的高标准城市建设展示着鄂尔多斯城市新形象。

景观轴线：康巴什城市中形成了以文化艺术走廊为轴的文化景观轴线，以鄂尔多斯大街、乌兰木伦街、滨湖路、天骄路等主干路为依托形成的道路景观轴线，以乌兰木伦河为基底的自然景观轴线等几条主要的城市景观轴线；阿勒腾席镇形成了阿勒腾席热路、通格朗路、伊金霍洛街、可汗街为代表的道路景观轴线，以及以红海子湿地为依托的自然景观轴线等城市景观轴线。

图 10-28　康巴什鄂尔多斯大街景观轴线

图 10-29 乌兰木伦河景观轴线

城市广场：成吉思汗广场、太阳广场、蒙古象棋广场、视界广场、乌兰木伦滨河广场、郡王府广场、伊金霍洛广场等城市广场作为风貌节点展示着城市人工景观。

公园绿地：康巴什中心公园、青椿山公园、草原情公园、婚庆文化园、亚洲雕塑艺术主题公园、爱拥公园、母亲公园、阿吉奈公园、红海子湿地公园等特色主题公园不仅作为城市休闲场所，更重要的是作为城市文化的载体展示着城市形象。除此之外，道路及河流廊道景观内容丰富，是园林城市佳作之一。

图 10-30 婚庆文化园

图 10-31 康巴什中心公园

图 10-32 蒙古象棋广场

图 10-33 太阳广场

城市夜景：色彩缤纷的城市夜景是康阿组团城市风貌的重要内容，南北主轴线及各城市主干线的灯光设计突出城市线条，建筑及水域的灯光组合展现城市形态，乌兰木伦河音乐喷泉配合灯光设计，更显绚丽多彩，独成一景，彰显草原新城的魅力，是城市标志之一。

图 10-34　康阿组团城市夜景

城市天际线：靠山面水的康巴什主城区中心是广场绿地，四周是高低结合、疏密得当的建筑，各要素协调，形成个性突出的城市意向，从城市开敞空间中极目远眺，近处是花坛绿地、湖光水色，穿过错落有致的建筑群，远处是延绵的山脊轮廓，凸显新区人与自然、历史与现代浑然一体的城市风貌。城区周边自然景观丰富，建筑依山临水而建，形态各异，色彩鲜明，形成的轮廓线清晰可见，彰显了城市个性风貌。

图 10-35　康巴什城市轮廓线

建筑风貌：鄂尔多斯市如一块建筑的试验田，由于各种文化交织变革，让这座城市保留了民族文化底蕴，同时又极具未来感。不同文化影响下形成了独具地域特色的建筑文明。目前康阿组团形成的代表建筑风貌主要以传统风格建筑、现代建筑为主。其中传统风格建筑以传承传统文化为宗旨，同时为现代城市所用，以其独特的建筑形式、色彩等在城市风貌中占据重要地位。而现代建筑则充分体现城市的时代性，通过新结构、新材料、新形式以及简洁的处理手法和纯净的建筑外形演绎着现代建筑美学。

图 10-36　鄂尔多斯大剧院

图 10-37　博物馆

图 10-38　文化中心

图 10-39　清真寺

图 10-40　伊旗影剧院

图 10-41　体育中心

10.3 鄂尔多斯市城市风貌体系和要素

10.3.1 城市风貌体系

“山、水、城、绿”四要素是构成鄂尔多斯城市景观格局的基本要素，山水绕城、绿地围城，城与自然相依而生，形成了城市人工景观与自然景观有机结合的城市景观系统。

表 10-1 鄂尔多斯市风貌体系

“山”	城区周边的低矮山脉为城市提供舒朗开阔的自然景观背景
“水”	吉劳庆川、昆都仑沟、三台基川、乌兰木伦河、红海子等自然水系为基础，构成城市灵动的自然景观，滨水公园使得城市生活融入大自然
“绿”	市区周边的自然植被、农田等构成城市外围绿色生态基底，与山、水形成城市特殊小气候，提升了城市的宜居性
“城”	城市中体现特色文化的公园绿地、附属绿地，以及周边的防护、生产绿地等构成城市绿化景观系统

独特的鄂尔多斯青铜文化、鄂尔多斯蒙元文化等多元文化又赋予了城市特殊的精神含义和文化寓意，使得融合多元文化后而建的城市建筑、标志物、开敞空间、城市色彩等内容更具美学要素；而通过现代科学技术所展现出来的个性的城市天际线、夜景等要素使得城市更具时代性；各风貌要素相互融合，共同塑造了魅力无限、舒适宜居的城市人居环境与整体风貌。

10.3.2 城市风貌要素

城市自然景观和人文景观两大类风貌要素，可从宏观、中观及微观角度整合，并构建城市风貌体系。从宏观上讲，城市周边的山体，以及吉劳庆川等冲沟、乌兰木伦河等水体共同构成了城市风貌的自然基底，城市顺应自然地形从而形成独特的城市空间形态。在城市内部，通过道路景观轴线串联城市建筑、开敞空间等风貌要素，从而形成条带延伸型的城市空间格局模式。从中观角度讲，通过有序组织城市景观视廊、天际线、城市色彩、雕塑小品、夜景等景观要素，从而形成统一的景观风貌，及富有地域特色的城市建筑。

10.4 结语

鄂尔多斯是一代天骄的眷恋之地，特殊的地理环境和历史文化，赋予了鄂尔多斯独具风格的

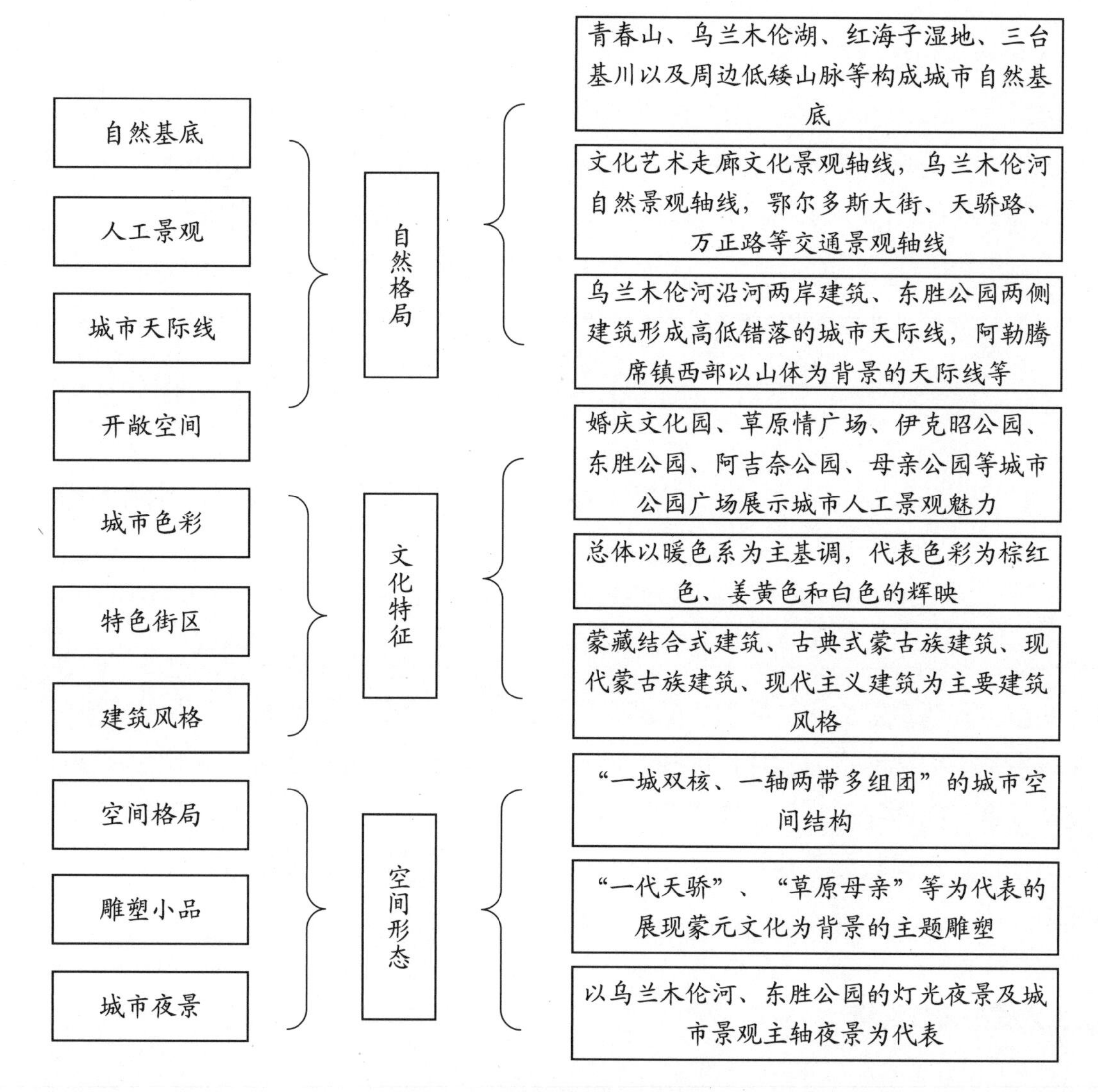

图 10-42 鄂尔多斯市城市风貌要素图

人文景观和文化遗迹。同时，作为生长在草原上的资源型城市，经济的快速发展带来了城市日新月异的变化。在旧城格局上，依托自然及文化资源，建设蒙汉融合的新型草原城镇，形成了具有城市个性和时代气息的景观环境。其特色鲜明、结构清晰、环境优美，山、河、城、绿和谐交融，历史与现代兼具，凸显“城绿相融、天骄圣地、圣韵新城”的城市特色风貌。

“城绿相融”：充分体现了鄂尔多斯市城市与自然和谐相处的景观格局，依山而建、逐水而居，城市景观与郊野自然景观相互交融，形成山水融城、绿脉绕城、城绿和谐共生的草原新城。

“天骄圣地”：作为蒙古文化源流之地，两部蒙古史书诞生于此，蒙古族传统文化在这里完整保留，“皇城根儿”下的城市具有深厚的历史底蕴、鲜明的民族文化特色。蒙古族文化的包容性使得“河套文化”、“鄂尔多斯青铜文化”等多元文化在这里和谐共生，共显“天骄圣地”的神韵与传奇。

“圣韵新城”：传承了鄂尔多斯悠久的历史文化，在旧城修补与新城建设过程当中，以城市特色风貌构建为宗旨，将历史文化信息“物化”地表达出来，或赋予建筑，或以景观小品的形式表现，或表达于民俗文化活动，在传承历史文化的同时也提升了城市竞争力。

第 11 章 “塞上江南”——巴彦淖尔市风貌区

图 11-1 湿地公园夜景

11.1 巴彦淖尔市风貌区概况

“巴彦淖尔”系蒙古语，意为“富饶的湖泊”，战国时期为云中郡管辖，西汉年间设五原、朔方二郡，北魏怀朔、沃野二镇在境内建制，清光绪年间设五原厅，中华民国元年五原厅改县，1914 年设绥远特别行政区，1956 年成立巴彦淖尔盟，1958 年河套行政区、巴彦淖尔盟合并，2003 年撤盟立市，为巴彦淖尔市。

图 11-2　巴彦淖尔市区位示意图

巴彦淖尔市现辖 1 个区（临河区）、2 个县（五原县、磴口县）、4 个旗（杭锦后旗、乌拉特前旗、乌拉特中旗、乌拉特后旗），2015 年总土地面积 6.59 万平方公里，耕地面积 5990 平方公里，年末常住人口 167.73 万人，以蒙古族为主体，汉族居多数，现有蒙、回、满等 29 个少数民族。

巴彦淖尔市游牧文化与农耕文化相互交融发展，孕育以河套文化为代表的灿烂地域文明，并形成众多自然与历史文化资源。巴彦淖尔市目前已成为蒙西经济区东联呼包鄂、西接“小金三角”的关键枢纽，为蒙西经济区的中心城市之一；同时，作为国家“呼包银榆”经济区重点区域，也是“一带一路”的重要交会点以及国家西部大开发的重点区域。

图 11-3　巴彦淖尔市城市鸟瞰

11.2 巴彦淖尔市城市风貌系统构成

巴彦淖尔市城市风貌系统包括自然生态景观风貌子系统、历史文化景观风貌子系统、空间形态景观风貌子系统。

11.2.1 自然生态景观风貌子系统——湖渠交织

巴彦淖尔市地貌多样，阴山山脉绵延东西，矗立在巴彦淖尔市中部，阴山以北为辽阔的乌拉特草原，畜牧业悠久兴盛；阴山南麓、黄河“几”字弯以北为广阔的河套平原，地势平坦，土地肥沃，灌溉便利，为城市重要的自然风貌的组成部分。城市中水资源丰富，黄河贯穿全境，形成规模庞大的引黄灌溉体系，以此为基底的黄河湿地公园、镜湖、总干渠、章嘉庙湖、青春湖等人工生态景观极大丰富了城市自然生态环境，尽显平原城市开阔、大气的特征，并为城市提供了开阔的景观视觉廊道。目前，巴彦淖尔市中心城已形成“一环一带，四横五纵，珠联璧合”的水系统结构，由金川河、乌拉特河、朔方河、南边渠共同组成城市内环水系。

图 11-4　阴山山脉

图 11-5　黄河故道

图 11-6　河套平原

图 11-7　乌拉特草原

图 11-8 乌梁素海

图 11-9 黄河湿地公园

11.2.2 历史文化景观风貌子系统——敕勒米粱川

巴彦淖尔市历史悠久，文化底蕴深厚，游牧民族与农耕民族很早就在这里共同繁衍生息，千百年来边塞文化、黄河文化、草原文化和农耕文化在此聚集、融合、传承并积淀，逐渐形成独具特色、兼容并蓄的地域文化，并留下了丰富的历史文化资源。

巴彦淖尔市境内现存汉墓群、秦汉长城、鸡鹿塞、高阙塞、新忽热古城址、临河古城、无名古城、沃野县古城、黄羊木头汉墓等历史遗址，极具考古价值；境内分布有世界著名的巴音满都呼恐龙化石区和我国最大的岩画宝库——阴山岩画；同时作为一个多民族聚居区，巴彦淖尔市各民族和宗教相互交融，明清以来修建的甘露寺（常素庙）、希热庙、阿贵庙等，成为宗教文化辉煌灿烂的见证，对研究地区历史文化有着非常重要的价值。

图 11-10　小佘太秦长城

图 11-11　鸡鹿塞

图 11-12　阴山岩刻

图 11-13　朔方郡临戎古城遗址

图 11-14　新忽热古城址

图 11-15　阿贵庙

图 11-16　希热庙

图 11-17　甘露寺

图 11-18　点不斯格庙

图 11-19　善岱古庙

河套地区从古到今历次大规模的农业开发都是在大量移民的背景下开展的，素有“塞上江南”、“塞外粮仓”的美誉。受乌拉特草原文化和河套农耕文化的深远影响，巴彦淖尔市“无形”的文化遗产也较为丰富。河套文化研讨会及河套文化艺术节的召开，使河套文化已深入人心，成为全国重要的文化品牌。以巴彦淖尔市地方特产命名的中国河套葵花节（五原）、磴口华莱士节等节庆活动也成为地方文化生活的重要组成部分。

图 11-20　河套文化艺术节

图 11-21　五原葵花雕塑

11.2.3　空间形态景观风貌子系统——塞外水中城

巴彦淖尔市市域城镇体系以增强城镇体系发展内聚性、提升区域职能为目的，形成了“三区、四线”的开放型网络化空间布局结构。三区为：沿黄经济带、阴山资源开发区和乌拉特草原保育区。四线为：沿黄河沿包兰发展轴线、阴山山前发展轴线、西部发展轴线和东部发展轴线。

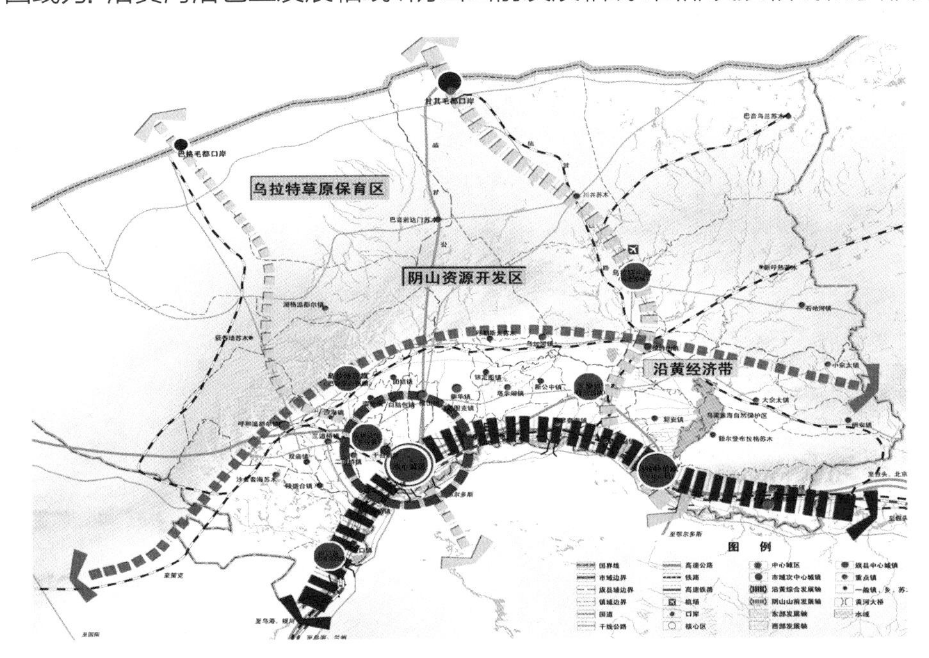

图 11-22　巴彦淖尔城镇体系空间布局结构示意图

临河区于 1925 年建制，1958 年以前城市布局规整，方格路网，为中国典型中轴线对称布局；1958 年铁路开通，脱离老城的城市骨架初步形成。过境公路穿越城市，先锋路与包兰铁路实现立体交叉，城市市区与南部区畅通。1990 年为解决 110 国道穿越城区的矛盾，市域公路格局调整，新区老城路网得以衔接。到 2004 年，城市近域圈层扩散，东西向自然生长，城市发展框架打开，城镇体系调整，城市格局实现跳跃发展。巴彦淖尔经济开发区与巴彦淖尔农畜产品保税物流园区建设加速，一市三片区（临河片区、朔方片区和双河片区）的城市格局初步成形。

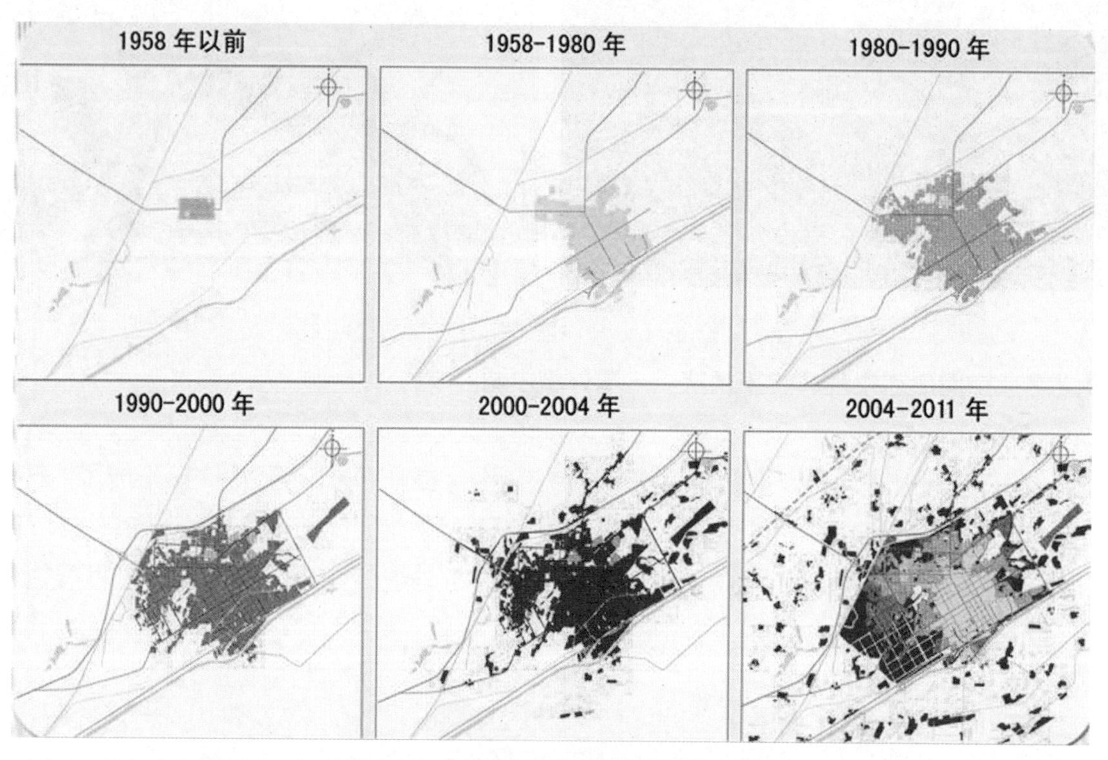

图 11-23　巴彦淖尔市中心城区空间结构演变图

图 11-24　20 世纪 90 年代的临河城区

图 11-25　总干渠旧貌

图 11-26 临河城市新貌

图 11-27 临河住宅区新貌

目前巴彦淖尔市中心城区形成了“五横四纵，九处节点，五个片区”的城市风貌空间格局。“五横”指五条东西向城市景观带，即河套文化展示带、现代风貌景观带、城市商业景观带、综合职能景观带和综合智能景观带；“四纵”指四条南北向城市景观带，即城市人文景观带、体育文化休闲带、城市商业景观带和工业物流景观带；“九处节点”即四处主要和五处次要的特色空间节点。主要节点为人民公园、河套公园、双河区怀朔公园和双河公园。次要节点为清真北寺、朔方区特色工业产品展示节点、农牧产品保税物流园区节点、永平公园和绒纺路公园朔方片区；“五个片区”指旧城历史风貌区、现代综合风貌区、工业生产风貌区、新区综合风貌区和生态休闲风貌区。

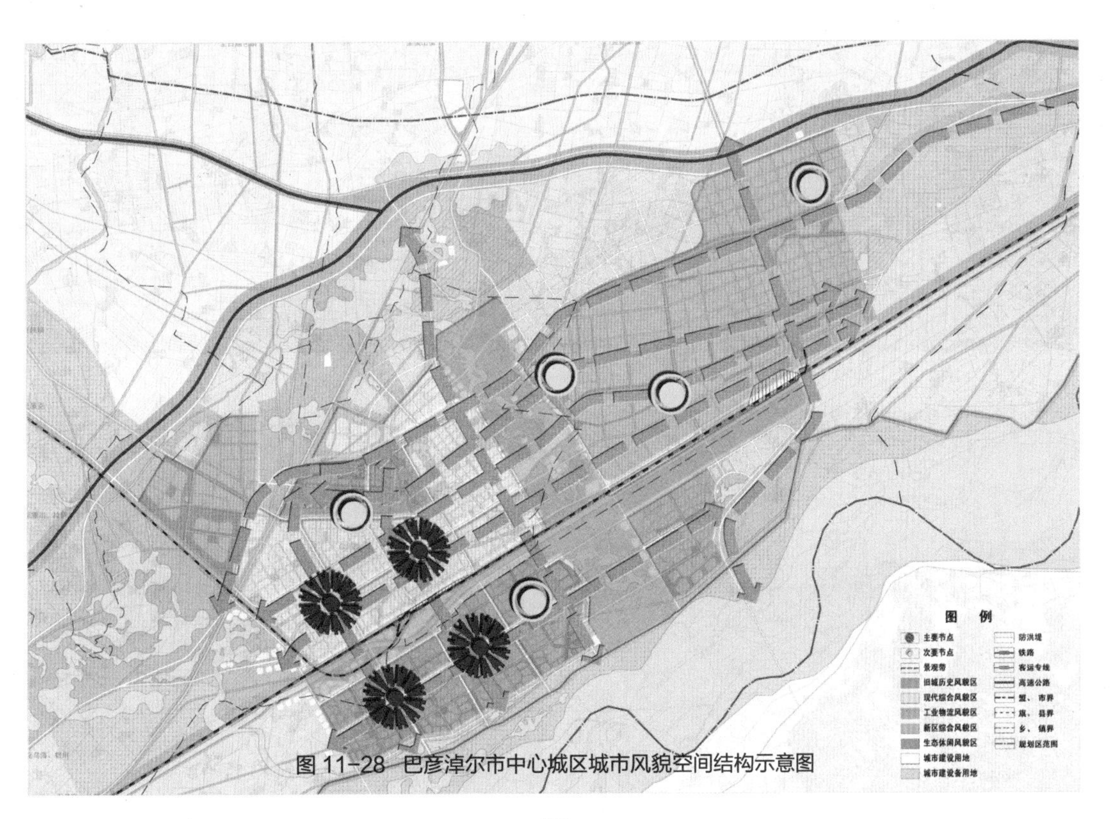

图 11-28 巴彦淖尔市中心城区城市风貌空间结构示意图

临河区中心及周边河网交织，水系发达，优越的水资源条件是区别于其他西北地区城市的主要特征，也是得以发展的命脉。

图 11-29　永济渠

图 11-30　金川河

图 11-31　总干渠

图 11-32　河套公园万丰湖

图 11-33　镜湖

城市天际线：高层建筑主要分布在旧城商贸区和新行政中心区周边，与开敞空间形成了高低错落的轮廓关系，构成丰富的城市天际线。

图 11-34 城市沿河天际线

图 11-35 新区城市天际线

图 11-36 城市居住区天际线

景观廊道：城市当前主要依托现有主要道路及水渠绿化构成城市的主要景观廊道，目前已经形成新华街、金川大道、团结路以及总干渠、永济渠等视线通廊，连接着城市各个景观节点。

图 11-37　干渠景观廊道

图 11-38　永济渠景观廊道

图 11-39　总干渠景观廊道

开敞空间：人民广场、市政府广场、星月广场等大型广场，河套公园、人民公园等大型公园，营造良好的城市公共开敞空间环境。

图 11-40 人民广场

图 11-41 星月广场

图 11-42 河套公园

图 11-43 人民公园

图 11-44 足球公园

图 11-45 黄河湿地公园

城市夜景：以市政府与河套文化博物院为中心，以各主要道路和各干渠为轴线展开，共同缔造城市风貌的别样色彩。

图 11-46　干渠夜景

图 11-47　城市夜景

雕塑小品：以黄河湿地生态公园等绿地广场中的艺术雕塑为主，是城市中地域文化的点睛表达。

图 11-48 乌拉特部落变迁雕塑

图 11-49 黄河女神雕塑

图 11-50 农业劳动雕塑

图 11-51 水车小品

建筑风貌：巴彦淖尔受乌拉特草原文化和河套农耕文化的深远影响，其建筑风格主要有传统风格建筑、地域气质建筑和现代风格建筑。

传统风格建筑：传统风格建筑主要有晋风民居建筑和新中式建筑。

图 11-52 中国观赏石之城

地域气质建筑：地域气质建筑主要有古典式蒙古族建筑和河套文化建筑。

图 11-53　乌拉特蒙古风情街

图 11-54　河套文化街

现代建筑：建筑采用新结构、新材料、新形式，建筑形体与内部功能统一，建筑立面干净整洁，造型简洁，经济合理。

图 11-55　河套文化博物馆

图 11-56　巴彦淖尔地矿大厦

图 11-57　巴彦淖尔气象大楼

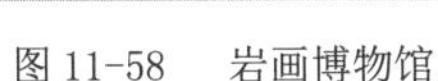
图 11-58　岩画博物馆

图 11-59　黄河水利博物馆

11.3 巴彦淖尔市城市风貌体系和要素

11.3.1 巴彦淖尔市城市风貌体系

基于以上自然、文化和人工三个方面子系统的分析，则“湖、渠、田、城”为主要元素构建起巴彦淖尔市城市风貌体系的整体格局：以广袤的河套平原肥沃土地为背景，以穿境的黄河为基底，与湖泊、水渠共同形成城市周边及城中完整的水系网络，配合城市中开敞空间形成良好的景观格局。

表 11-1　巴彦淖尔市城市风貌体系

“湖”	城区内水资源丰富，青青湖、镜湖、新世纪、章嘉庙等大小湖泊多处，为城市提供丰富的景观要素
“渠”	区内水网密布，河渠纵横，依托黄河形成总干渠、永济渠、永刚渠、四排干等众多河道，串联城市与乡村、湖泊与水库，形成完整网络
“田”	城市周边有着广袤的农田，配合密布的水渠，形成独特的风景
“城”	城市中众多的景观廊道、开敞空间形成了良好的景观格局

巴彦淖尔市是河套文明的发祥地，也是人类发展史上农耕文明与游牧文明聚集交融的典型代表。巴彦淖尔市中心城区经多年发展，依托自身良好的自然基底以及深厚的地域文化，通过对水、绿、文化的重点开发，已经形成“水绿一色”、独具地区特色的田园风光城镇风貌。

11.3.2　巴彦淖尔市城市风貌要素

巴彦淖尔市城市“湖、渠、田、城”的自然风貌体系，在操作层面则体现在具体的风貌要素上，依照自然、文化和人工子系统的顺序总结有：自然基底、人工景观、城市天际线、开敞空间、城市色彩、建筑风格、特色街区、空间格局、城市夜景、雕塑小品等。

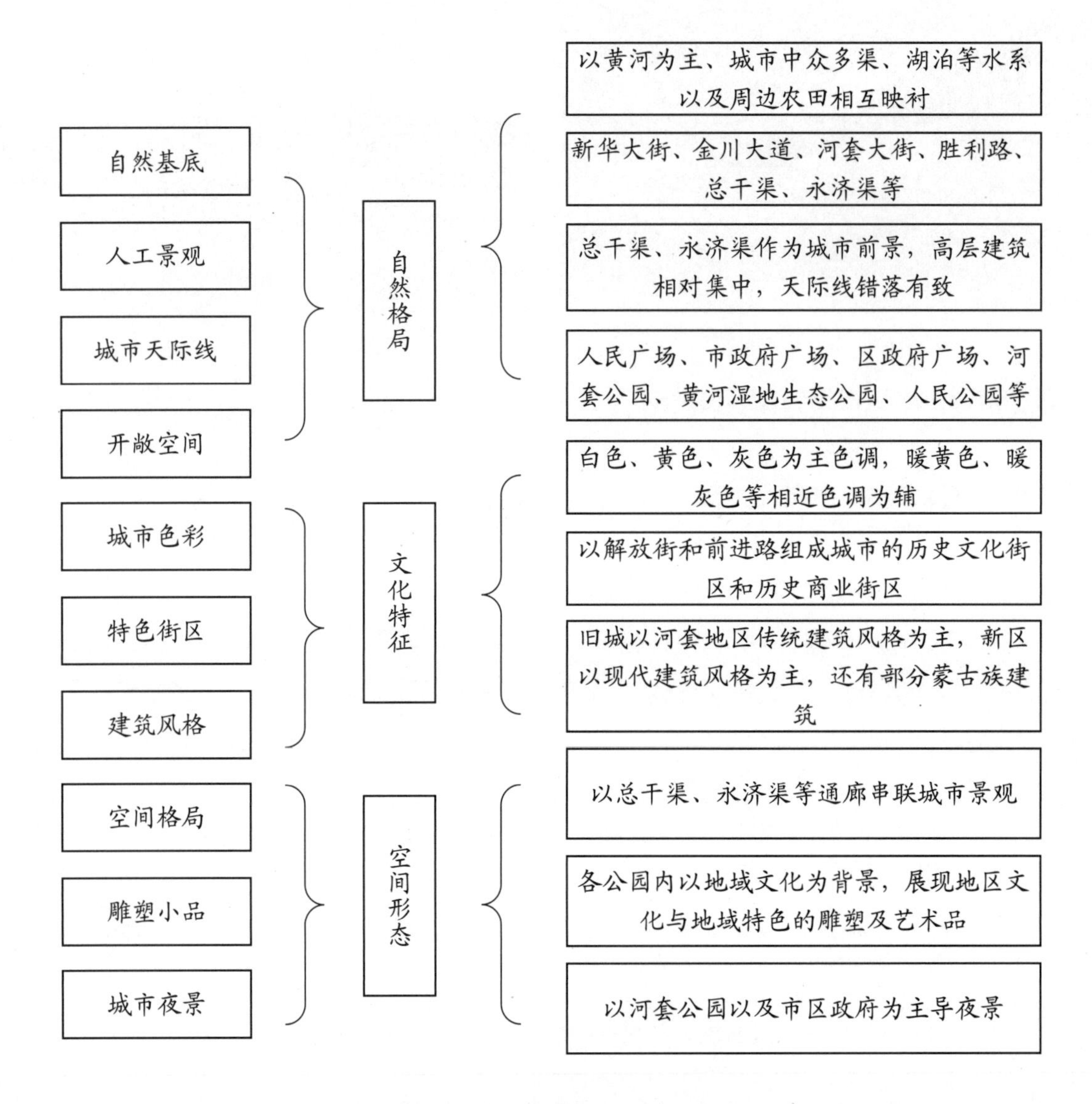

图 11-60　巴彦淖尔市城市风貌要素图

11.4 结语

巴彦淖尔市在“湖渠交织”的良好生态格局以及“敕勒米粱川”的独特地域文化背景下，社会不断发展，形成如今“塞外水中城”的城市空间形态格局。

“湖渠交织”：即在广袤的河套平原之上，众多水渠、湖泊等丰富的水系构成城市中良好的生态环境基底，并依此形成完整的人工景观，绿廊环绕，为城市发展奠定优良的自然基础。

“敕勒米粱川”：即城市中农耕文化与游牧文化相互交融，形成独具特色的河套文化，凸显地域特色，且各民族、各宗教在此交融并蓄，民族文化优势尽现。

“塞外水中城”：即以现有的南北向河渠和总干渠滨水景观带为基底，架构城市外围绿环，并呼应各交通干道形成“五横四纵、九处节点、五个片区”的城市风貌格局，体现“塞外江南”的特殊生态城市格局。

第 12 章 “大漠湖城”——乌海市风貌区

图 12-1 从黄河对岸远眺乌海

12.1 乌海市风貌区概况

乌海地区历史悠久，早在汉代，汉武帝击败匈奴，在今海勃湾地区设置沃野县。1955 年建立桌子山矿区办事处，隶属伊盟。1961 年设海勃湾市和乌达市，1975 年设乌海市，下辖乌达、海勃湾、拉僧庙（1979 年更名为海南区）3 个县级办事处。

图 12-2 乌海市区位示意图

乌海市市域总面积为 1754 平方公里，下辖海勃湾区、乌达区、海南区，包括 16 个街道办事处，5 个镇。全市总人口为 55.55 万人。

乌海市境内矿产资源富集，以煤矿而生，素以“乌金之海”著称。随着经济转轨，乌海市的经济结构形成了能源、化工、材料、特色冶金四大支柱产业，是自治区西部的工业重镇。乌海市三山环抱，一水中流，被誉为镶嵌在黄河金腰带上的一颗明珠，并于 2008 年被中国书法家协会命名为“中国书法城”，2012 年荣获“中国赏石城”称号。2013 年全国绿化委员会授予乌海市“全国绿化模范城市”荣誉称号；2016 年，在第十届中国（武汉）国际园林博览会闭幕式上，住房和城乡建设部正式授予乌海市“国家园林城市”牌匾。

乌海市的得名，即取自于“乌金之海”。1975 年，病中的周总理看到关于海勃湾市和乌达市合并组建的报告，便提议名字改为乌海市。

图 12-3 硅铁厂改造为青少年创意产业园项目夜景

12.2 乌海市城市风貌系统构成

乌海市城市风貌系统包括自然生态景观风貌子系统、历史文化景观风貌子系统、城市空间形态景观风貌子系统。

12.2.1 自然生态景观风貌子系统——山环水绕

乌海市南北纵列的桌子山、甘德尔山和五虎山将全市分隔为“三山夹两谷”的地形格局。黄河流经乌海市 103 公里，是乌海市的生态、生命廊道，农业与城镇主要分布在黄河两岸。乌海市境内最大的湖泊为乌海湖，总面积达 118 平方公里，是黄河海勃湾水利枢纽建成后蓄水形成的人工湖。乌海湖西接乌兰布和沙漠，远处还有甘德尔山脉，它们相互依托，交相辉映，构建了乌海市良好的自然风貌基底环境，山环水绕，沙水融合，形成独特的“沙漠绿洲”景观。

甘德尔山：甘德尔为蒙古语，意为哈达。因山势蜿蜒起伏形似哈达而得名。其位于黄河东岸，属贺兰山北部余脉。长约 23 公里，最宽处约 10 公里，海拔最高点 1805.4 米，南北走向。

图 12-4　从黄河西岸远看海勃湾区、甘德尔山和黄河大桥

图 12-5　金沙湾

图 12-6　黄河湿地

图 12-7　乌海湖

12.2.2 历史文化景观风貌子系统——古今相映

乌海市是一个年轻的城市，而乌海地域则具有悠久的历史。

汉元朔二年（公元前 127 年），汉武帝击败匈奴，增设朔方郡，朔方郡在今海勃湾地区设置沃野县。元狩三年（公元前 120 年）筑沃野县城（今海勃湾区北新地古城）。魏晋时，今乌达地区为西部鲜卑所据，南北朝时为前凉、后凉、北凉所割据。13 世纪初，元朝在全国设置一个中书省、十个行省，乌海地区为宁夏行省中兴路管辖。明时，乌达地区为甘州、肃州二卫的边外地。

清顺治六年（1649 年），海勃湾地区为鄂尔多斯右翼中旗（鄂托克旗）之西北境。清康熙二十六年（1697 年），始设阿拉善和硕特旗。今乌达地区属阿拉善旗管辖。民国 19 年（1930 年），绥远省政府在黄河以东鄂托克旗地区设立沃野设治局，后改为沃野县，辖今海勃湾地区。

乌海市“有形”文化遗产，包括新地古城遗址，新地墓群，新石器时期岩画，秦、汉、明长城及其烽火台，汉代墓群，明清时期的佛塔及寺庙等。工业遗产是乌海城镇风貌的重要组成部分，是乌海城市发展的重要记忆，随着时代变迁，部分工业厂房逐步退出历史舞台，成为城市记忆的重要标识。

满巴拉僧庙坐落在乌海市海南区拉僧庙镇图海山上，乾隆四十三年（1778 年）由第一代贝勒东日布斯仁捐赠，第一世夏仲活佛贡其格阿日布吉主持兴建，1790 年建成，至今有 236 年历史。满巴拉僧庙为藏语，意为“医方明经院”。

图 12-8　满巴拉僧庙 1

图 12-9　满巴拉僧庙 2

图 12-10　黄河化工厂原貌

图 12-11　一通厂

图 12-12　硅铁厂园区原貌 1

图 12-13　硅铁厂园区原貌 2

乌海因其地理位置，多次被历代王朝与匈奴交替占据。乌海市地处蒙古族文化圈中，具有蒙古族文化特征，同时又受中原文化的影响。乌海因工矿业而生，是完全新建的城市，现代文化和意识形态在文化景观中占据着主导地位，体现着新兴工业城市的蓬勃朝气。

乌海建市后以移民文化为主导，半个世纪以来，乌海地区由人口400多人的牧区变成超过50万人的工业城市，在从牧区到矿区、矿业城市、工业城市的发展过程中，各省人口迁居于此，多种文化碰撞、交流、融合，构成具有多元、包容、创新等特征的乌海文化。

乌海市有十多万人习练书法，是被中国书法家协会命名的第一个“中国书法城”。虽然身处塞外，但乌海人血脉里流淌着中华民族五千年历史的精、气、神，“中国书法城”是乌海人传承下来的文化奇迹。乌海具备优良的葡萄种植气候条件，有“沙漠葡萄酒之都”的称号。葡萄酒产业，也带来了乌海市由 “沙”变“绿” 的环境变化。

图 12-14 乌海书法城标志

图 12-15 青山翰墨园雕塑

图 12-16 葡萄酒博物馆

图 12-17 煤炭博物馆火车景观

12.2.3 空间形态景观风貌子系统——山水之城

早期的乌海寸草不生，只是一片沙漠和戈壁滩，年降水量仅 100 多毫米。经过几代人的发展建设，如今的乌海市依托南北走向的黄河和沿黄对外交通，逐步形成“中”字形的城市空间形态，初步形成“一轴、一核心、多组团”的空间发展格局。凭借黄河和交通走廊“点—轴”发展，以“点面结合”的方式实现城镇发展组团与生态环境交相辉映、协调发展。

黄河生态走廊及黄河两岸的城市生态景观轴是乌海市的生命廊道；甘德尔山旅游区、黄河海勃湾水利枢纽（乌海湖）与三个城区是环山环湖核心片区；其他部分则为构成城镇风貌的工业、物流、旅游、生态组团。乌海独具特色的山水景观，充分体现了城市与自然要素的一体化格局。

2014 年黄河海勃湾水利枢纽建成蓄水，大漠出平湖，形成了 118 平方公里的湖面。湖水一边亲吻着沙漠，一边相拥着高山，形成了罕见的“沙、海、山、城”共存共生的独特奇观，这是天、地、人携手打造的生态奇迹。今天的乌海，湖上飞着白天鹅，沙漠上长着葡萄藤，城市里飘逸着翰墨香，拥有独特的城市生态格局。

图 12-18 山水格局

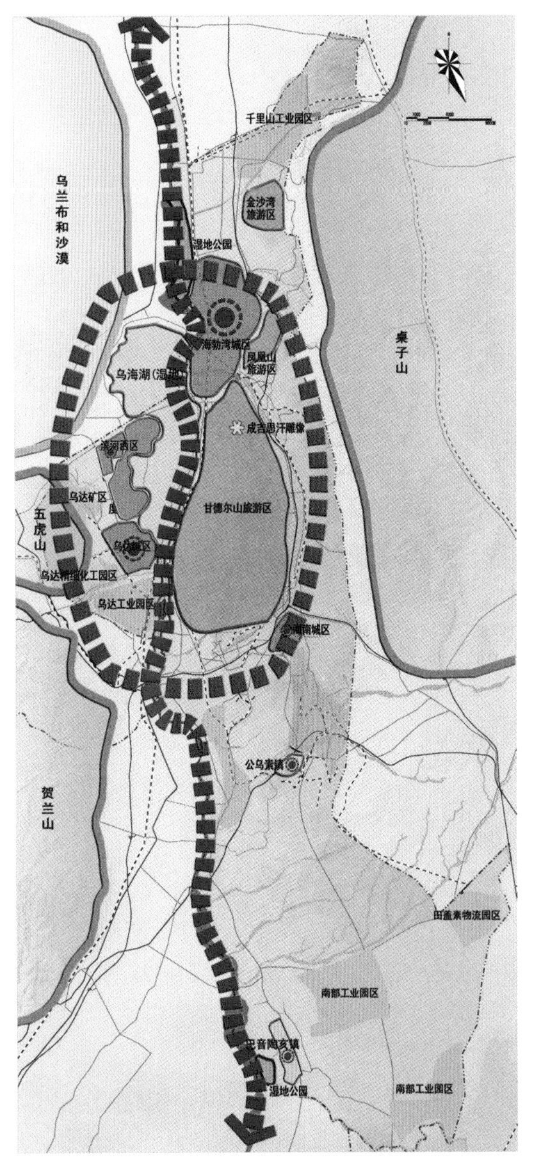

图 12-19 乌海市城镇空间结构示意图

城市天际线：乌海市的城市天际线以起伏的甘德尔山为背景，以相互交融的乌海湖和乌兰布和沙漠为前景，城市高低错落的建筑成为核心风貌，建筑与自然景观交相辉映。

图 12-20　城市天际线示意图

图 12-21　城市山水建筑实景

景观轴线：甘德尔山山顶的成吉思汗雕像是乌海城市风貌的制高点，也是景观核心，海勃湾区、乌达区以及滨河新区与成吉思汗雕像的连接成为城市的景观廊道。

图 12-22　从滨河公园看甘德尔山

图 12-23　从黄河大桥看甘德尔山

图 12-24　滨河大道

图 12-25　海北街

图 12-26　人民路

图 12-27　机场路

城市广场：人民广场、书法广场、法治文化广场、万达广场等形成城市开放空间体系。

公园绿地：人民公园、植物园、奥体公园、法制公园、运动公园、滨河二期中心公园、滨河三期中心公园、乌达中心公园、海南中心公园等19个市级公园形成生态景观体系。

图 12-28　运动公园

图 12-29　法制公园

图 12-30　人民公园 1

图 12-31　人民公园 2

图 12-32　青山翰墨园

图 12-33　书法广场

图 12-34　法制文化广场

城市夜景：夜景以海勃湾中心区与滨河新城为主，并加强了对城市所特有的山水环境的灯光夜景塑造，突出其“山水城市”的特点。

图 12-35　新区夜景

图 12-36　商业区夜景

图 12-37　滨河公园夜景

图 12-38　甘德尔山灯光秀

图 12-39　黄河大桥夜景

城市雕塑：蒙古族文化、草原文化、工矿文化元素的运用，以及“黄河明珠”、“成吉思汗”的象征性标识，体现乌海多元包容的自然和文化特征。

图 12-40　青山翰墨园雕塑

图 12-41　绿化雕塑

图 12-42　黄河明珠

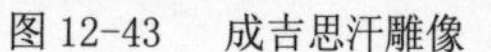

图 12-43　成吉思汗雕像

图 12-44　苍狼白鹿雕塑

建筑风貌：乌海市汇集黄河文化、蒙古族文化、工业文化等多元文化特征，工业旧厂房改造建筑是乌海的特色之一，孕育出富有内涵的城镇风貌。建筑风格主要有地域气质建筑和现代风格建筑。

地域气质建筑：地域气质建筑主要有工业遗存改造建筑、现代蒙古族建筑和蒙藏式建筑。

工业遗存改造建筑：红砖质感墙体，保留工业建筑原貌，突出工业遗产在乌海市的历史地位。

图 12-45　乌海市青少年创意产业园

图 12-46　蒙古族家具博物馆

现代蒙古族建筑：浅灰色、银白色、白色或红色墙面，几何形体，现代建筑材料。发展创新蒙古族建筑文化，以简洁现代的建筑形体体现民族文化特点。

图 12-47　乌海书城

图 12-48　乌海科技馆

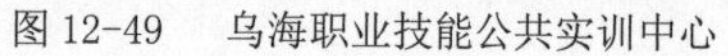

图 12-49　乌海职业技能公共实训中心

图 12-50　兴泰开元名都二期

蒙藏式建筑：继承藏传佛教建筑的文化精髓，体现藏式传统建筑特点。

图 12-51　乌海市民中心

图 12-52　当代中国书法艺术馆

现代建筑：采用新材料、新结构，运用灵活均衡的非对称构图，采用简洁的处理手法和纯净的体形。

图 12-53　乌海机场

图 12-54　乌海煤炭博物馆

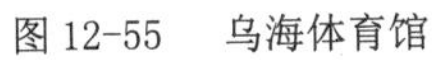
图 12-55　乌海体育馆

图 12-56　乌海妇幼保健医院

图 12-57　万达广场

12.3 乌海市城市风貌体系和要素

12.3.1 乌海市城市风貌体系

以“沙、湖、山、城”为核心构建了乌海市城市风貌的重要山水格局。乌海自然风貌独特，“三山一水”的自然景观成为乌海展现城市特色风貌的背景，甘德尔山、乌海湖、黄河湿地等内部自然条件则为乌海提供了独特的景观要素，是城市景观风貌环境的重要基础和保证。

表 12-1　乌海市城市风貌体系

“沙”	乌海是沙漠地区与河套平原的交会处，其独特的沙水交融的景观是城市风貌的特色元素
“湖”	黄河穿城而过，乌海湖因水利枢纽而造就，大坝集防洪防凌、发电、改善生态环境等功能于一体，同时乌海湖也为城市带来活力与朝气
“山”	甘德尔山是乌海市范围内较为完整的山体，南北走向的山脉成为城市环境风貌的重要背景
“城”	乌海城是山环水绕的沙漠绿洲，是一座工业城市，是一座新兴城市，是一座移民城市，更是一座转型升级任务比较重的城市

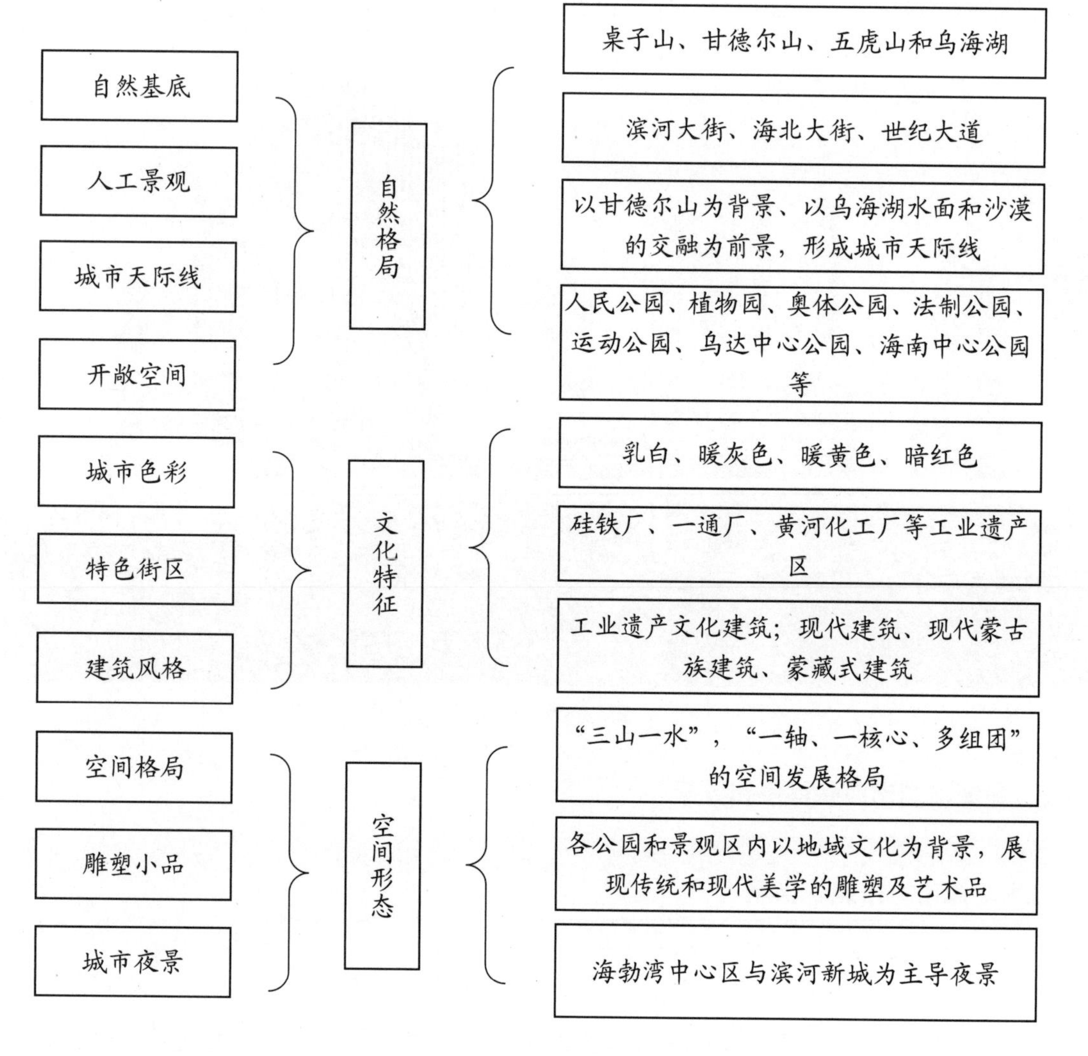

图 12-58　乌海市城市风貌要素图

12.3.2 乌海城市风貌要素

乌海城市“沙、湖、山、城”的风貌体系，在操作层面体现在具体风貌要素上，依照自然、文化和人工子系统的顺序总结有：自然基底、人工景观、开敞空间、城市天际线、城市色彩、建筑风格、特色街区、空间格局、雕塑小品等。

12.4 结语

乌海市有着丰富的自然基底、多元的文化脉络和独特的经济支撑：有世界上最大的成吉思汗圣像，从甘德尔山山顶俯瞰着大地；有浩瀚的乌海湖，碧波荡漾；有金色的乌兰布和大沙漠，无边无际；乌海市汇集山、水、沙漠、草原等自然风景要素于一体，相当于是微缩的“内蒙古大观园”。甘德尔山与黄河海勃湾水利枢纽、乌兰布和沙漠、三大城区共同构成沿黄城市中最为独特的山水景观格局。“黄河明珠”、“乌金之海”、“书法之城”、“沙漠绿洲”、“葡萄之乡”、“赏石之城”六大称誉是乌海独具特色的城市名片，这之中承载着山水自然的印记、近现代中国工业化的记忆。

“环山环水”：乌海市在对城市历史文化尊重的前提下，充分利用现有的山、水、沙的景观元素，进行城市开放空间、绿色空间、特色空间的建设，乌海正成为大漠中的“湖城”、黄河上的“明珠”，从此由“沙”变“绿”。

“古今相映”：乌海以蒙古族文化与汉文化的交融为背景，以移民文化为主导，复杂的历史演变造就了当地汉蒙文化交汇、古今文化交融的独特文化特征。近现代的煤矿移民文化、书法文化等正绘制着多元包容的文化长卷。

“山水之城”：乌海依靠独特的自然基底，通过几代人的努力，建设了从荒山、荒漠到三山环绕、一水中流、三城点缀的城市与自然要素一体化新格局，形成了乌海独一无二的“沙、湖、山、城”共存的生态城市景观。

第13章 “苍天圣地”——阿拉善盟风貌区

图 13-1 巴彦浩特镇定远营新貌

13.1 阿拉善盟风貌区概况

阿拉善盟位于内蒙古自治区最西部，总面积约 27 万平方公里，是内蒙古自治区面积最大的盟。阿拉善盟整体地势呈现出南高北低的态势，为典型温带大陆性气候。盟内沙漠戈壁相参、丘陵相连、群山环抱。其中黄河流经阿拉善盟境内，我国第二大内陆河流额济纳河在此孕育了约 3.2 万平方公里的冲积三角洲。另外，分布于沙漠中的大小湖盆共计 500 多个，形成了许多景色绝美的沙海绿洲。阿拉善境内地貌类型主要包括荒漠草原和荒漠戈壁两大类型。同时，贺兰山山区及额济纳绿洲有天然林分布，年代悠远，景致特殊，具有得天独厚的旅游优势。

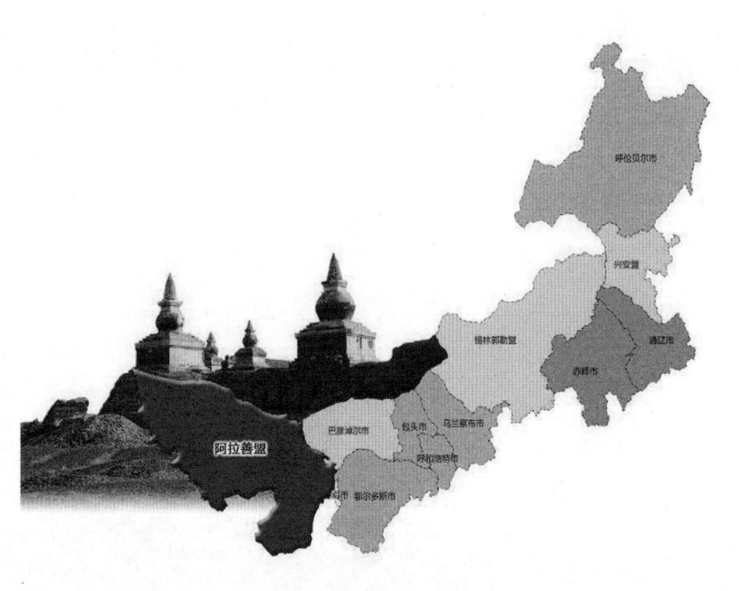

图 13-2　阿拉善盟区位示意图

图 13-3 巴彦浩特镇体育馆及新城鸟瞰

阿拉善盟总人口为 24.35 万人，是以蒙古族为主体的少数民族聚居地，主要由蒙古和硕特部与土尔扈特部组成。其建制历史悠久，可上溯至清初设立的阿拉善厄鲁特旗与额济纳旧土尔扈特旗，通常称作“套西二旗”。直至 1980 年内蒙古自治区正式设立阿拉善盟，辖阿拉善左旗、阿拉善右旗、额济纳旗 3 个旗和阿拉善经济开发区、腾格里经济技术开发区、乌兰布和生态沙产业示范区、策克口岸经济开发区 4 个自治区级开发区。盟政府所在地巴彦浩特镇为全盟政治、经济、文化中心。

13.2 阿拉善盟城镇风貌系统构成

阿拉善盟城镇风貌系统包括自然生态景观风貌子系统、历史文化景观风貌子系统、空间形态景观风貌子系统。

13.2.1 自然生态景观风貌子系统——东有巍巍贺兰，西有弱水胡杨

阿拉善盟地处内蒙古高原阿拉善台地，整体地形呈南高北低态势，地貌类型包括沙漠戈壁、山地、低山丘陵、湖盆与起伏滩地等。著名的巴丹吉林、腾格里、乌兰布和三大沙漠横贯全境，面积约 7.8 万平方公里，为世界第四大沙漠组团。其沙山峻峭陡立，巍巍壮观，已形成了世界上唯一以沙漠为主体的地质公园。

图 13-4 巴丹吉林沙漠

13-5 额济纳河

图 13-6 贺兰山

阿拉善境内的贺兰山山势雄伟，因其群山走势如万马奔腾，故以蒙语“骏马（音译即为‘贺兰’）”为之命名。其主峰海拔 3556 米，为内蒙古自治区境内最高峰。贺兰山山体东侧巍峨壮观、峰峦重叠、崖谷险峻，其西北麓地势开阔、植被优良、气候适中，成为阿拉善左旗巴彦浩特镇得天独厚的城镇风貌背景。

额济纳河是盟内唯一的季节性河流，属黑河额济纳段，是我国第二大内陆河流。额济纳河在盟境内自南向北流程 200 多公里，年流量约为 10 亿立方米，并在其尽端形成天然的堰塞湖，史称“居延泽”。其水域周边生态条件较好，故而草木繁茂，形成了纵穿沙漠戈壁的一道

绿色长龙，这其中尤以“胡杨树”最为称绝。胡杨在蒙语中称“陶来”，属落叶乔木，木

图 13-7　巴彦浩特镇东南贺兰草原

质纤细柔软，树叶阔大清香，耐旱百涝，生命顽强，是自然界稀有的树种之一，素有“活着一千年不死，死了一千年不倒，倒了一千年不朽”的美誉。额济纳旗中部绿洲的胡杨林区是世界仅存三处之一且保护最为完好的胡杨林区，同时也是额济纳旗达来呼布镇最为优越的自然生态本底。

图 13-8　达来呼布镇二道桥

综上，依托阿拉善盟独特的自然地理地貌，可在其盟域内圈出三个主体城镇自然生态景观风貌区：即以巴彦浩特镇为中心的贺兰山西麓城镇风貌区、以巴丹吉林镇为中心的巴丹吉林沙漠城镇风貌区、以达来呼布镇为中心的额济纳中部绿洲城镇风貌区。

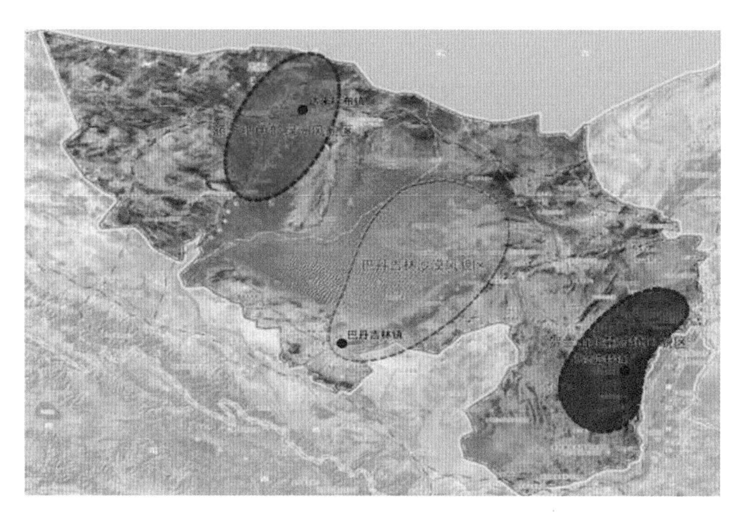

图 13-9 盟域自然生态景观风貌分区示意图

13.2.2 历史文化景观风貌子系统——前有黑水居延，后有王府营盘

阿拉善盟历史悠久，文化底蕴极为深厚，以历史文化、民族文化、宗教文化为三大主体，以曼德拉山岩画、居延遗址、黑城遗址、东归英雄、定远营古城、巴丹吉林寺等为典型要素，共同构成了始于石器时代的影响阿拉善地区城镇发展演变的悠悠历史文化长河。

历史文化

阿拉善盟境内的历史文化遗址主要包括曼德拉山岩画、居延遗址、黑城遗址、定远营古城等。

曼德拉山岩画位于阿拉善右旗孟根苏木境内，其最早可追溯至原始社会晚期。该岩画雕刻精湛、图案逼真，生动记录了当时的人居环境、建筑形态及社会风貌。

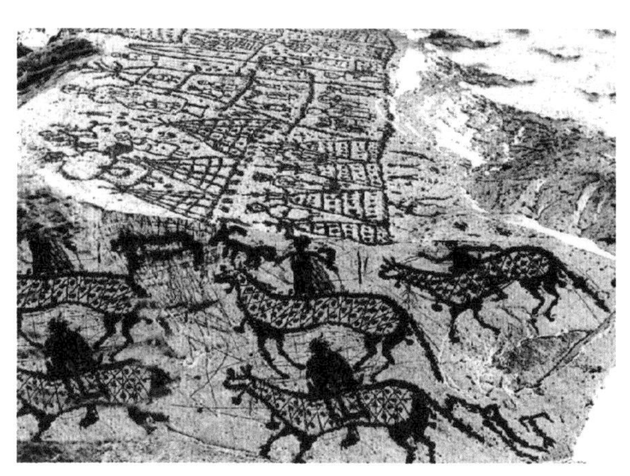

图 13-10 曼德拉山岩画

居延遗址始建于汉武帝太初三年（公元前 102 年），是阿拉善盟境内举世闻名的重要历史文化遗产，其中“居延汉简”也是 20 世纪全球四大考古发现之一。该遗址位于额济纳旗和甘肃省金塔县境内，是迄今为止中国古代丝绸之路上发现的面积最大、保存最完整、最重要的历史遗址，包括汉代张掖郡居延、肩水两都尉所辖边塞上的烽燧和塞墙等遗址群。

大同城位于内蒙古额济纳旗达来呼布镇东南约 19 公里处，由内外两城墙组成。始建于汉，隋唐时期增建。

甲渠侯官遗址又名“破城子”，为汉代居延都尉西部防线甲渠塞之长甲渠侯所筑，距今有 2000 多年历史。

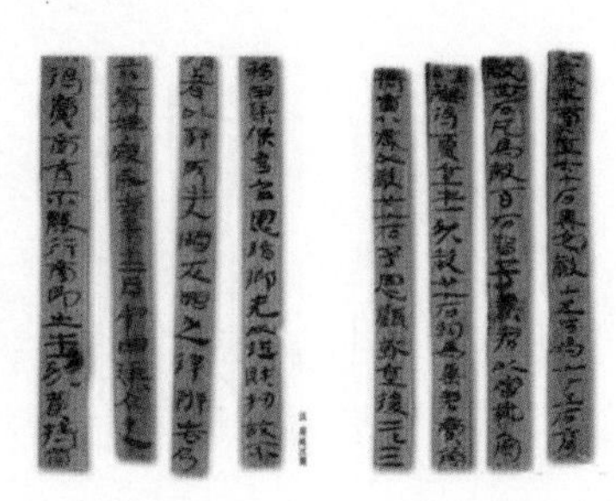

居延汉简，1930 年西北科学考察团在额济纳河流域周边挖掘发现。其保存完好，字迹清晰可见，弥足珍贵。

图 13-11　阿拉善居延遗址

黑城又称“黑水城”，位于额济纳河中游以东，距达来呼布镇约 30 公里，属国家级重点文物保护单位。该遗址是北宋时期西夏国党项族为设黑水镇燕军司而建，元朝时又在西夏黑城旧址上加以扩建，名曰“亦集乃路”，是宋元时期丝绸之路上北通哈拉和林（今蒙古国首都乌兰巴托）的重要节点城镇。

图 13-12　额济纳旗黑城遗址 1

图 13-13　额济纳旗黑城遗址 2

定远营古城是阿拉善盟巴彦浩特镇旧称，现为国家级重点文物保护单位。清朝年间，阿拉善和硕特旗第二世王爷阿宝奉调征讨罗卜藏丹津叛乱，因功晋爵多罗郡王，奉诏修建定远城。城市格局依照“东望贺兰、北依营盘、南临三河、西揽鹿圈”而倚山筑城，自然山水景观与城市环境相互融合。王府建筑群则完全依据《大清会典》典章制度建设，不仅集中反映了中国儒家文化严格的尊卑礼仪制度，同时也体现了蒙古和硕特部落的风俗、礼仪、伦理等文化内容，是阿拉善盟地区唯一的清代官式建筑代表。同时，因历代王爷多娶清朝格格为妻，其随嫁人员中多有手工匠人，将京城的建造技艺带至此处，形成了如四合院一般的民间住宅，故又有“塞外小北京”之美誉。定远营的古城格局与建筑形式对巴彦浩特镇今后城镇风貌的形成与发展起到了至关重要的作用。

图 13-14　巴彦浩特镇定远营王府鸟瞰

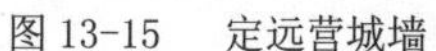

图 13-15　定远营城墙

图 13-16　定远营内四合院

民族文化

阿拉善盟境内的民族文化主要源于久居于此的蒙古族土尔扈特部以及和硕特部所特有的风俗习惯及其形成的具有代表性的地域文化特征。

蒙古族土尔扈特部起源于历史上的克烈部，始称为“王罕”。后元时期因与蒙古准格尔部交恶，西迁至今伏尔加河一带。乾隆三十六年（1771 年），土尔扈特部首领渥巴锡率领部族东归祖国，后定牧于阿拉善盟额济纳河流域。

图 13-17　土尔扈特部东归图

和硕特部的首领家族是成吉思汗之弟哈布图哈萨尔的子孙，长期在卫拉特蒙古具有高级地位，其中固始汗及其祖父均兼任卫拉特盟主。与土尔扈特部一样，和硕特部同样受到准格尔部打压，四次西迁终至伏尔加河一带，后随渥巴锡首领一并东归祖国。

土尔扈特及和硕特蒙古族文化具有非常鲜明的特色，其受西方阿拉伯及吐蕃文化影响较大。阿拉善盟传统文化被列入国家级非物质文化遗产的共 5 项，包括沙力博尔摔跤、蒙古象棋、地毯制作技艺、阿拉善烤全羊、蒙古族祭祀；被列入内蒙古自治区非物质文化遗产的共计 15 项，其主要包括广宗寺佛乐、查玛、吉日格、土尔扈特婚礼、厄鲁特婚礼等。

额济纳土尔扈特婚礼颇具民族特色，是具有民间和古典品性的综合民俗，由求婚、定亲、婚前准备、过礼、新房宴、迎娶、拜见“哈德妈”和谢幕等程序组成。

“查玛”，俗称“跳鬼”，是喇嘛教寺庙举行的一种宗教庆典仪式。

“烤全羊”是阿拉善地区特有的传统美味之一，清康熙年间扎萨克王和罗理率部从新疆移居阿拉善时带入，已有近 300 年历史。

沙力搏尔式摔跤是和硕特蒙古族所独创的传统体育运动项目，是“乌日斯”盛会和那达慕大会中体育比赛的主要项目之一。

图 13-18　阿拉善盟特色民俗宗教文化活动

宗教文化

清朝时期喇嘛教在阿拉善地区盛极一时，共兴建了近 40 座庙宇，构成了阿拉善的三大寺院系统和八大寺等。阿拉善地区的藏传佛教寺庙对于人口的集聚与社会的稳定都起到了很大的推动作用，其中最为著名的寺庙包括巴丹吉林寺、延福寺、广宗寺和福因寺。

图 13-19　广宗寺（南寺）

广宗寺（南寺）属于喇嘛庙，位于阿拉善左旗巴彦浩特镇东南 30 公里巴润别立镇，位居阿拉善三大寺庙系统及八大寺庙之首。寺庙风格兼收并蓄汉族与藏族宗教建筑特点。

图 13-20　延福寺（衙门庙）

延福寺（衙门庙）位于阿拉善左旗巴彦浩特镇王府街，是阿拉善建立最早的藏传佛教寺院之一，同时也是定远营内居住的历代王爷的家庙。

图 13-21　福因寺（北寺）

福因寺（北寺）是阿拉善王之子皈依六世班禅于清嘉庆九年创建的，赐名“福音寺”；寺周围丘陵起伏，山泉回绕，松柏常青，草木繁茂，鸟语花香，景色迷人。

图 13-22　黑城清真寺

黑城清真寺位于额济纳旗黑城遗址内，为元太祖或西夏年间遗留下的古清真寺遗址，风格为 10~13 世纪中亚突厥王朝伊斯兰建筑的流行式样。

图 13-23　营盘山顶敖包群

13.2.3 空间形态景观风貌子系统——因地生景、城景相融

阿拉善盟已形成“紧凑型”与“开敞型”相结合的空间形态，各旗县开始由原来分散、独立的发展模式向重点地区集中发展，在空间上形成了适度集聚的网络状城镇体系格局，体现出“一心、四轴、六组团”的空间发展格局。盟域发展核心即巴彦浩特镇，有着悠久的城市建设历史，其空间格局与建筑形态均受到不同时代规划思想与建造技术的影响，城镇风貌特色十分突出；达来呼布镇作为额济纳旗的中心镇，以独特的地域自然环境为依托、充分发挥服务旅游的先天优势，塑造茫茫戈壁中“绿洲型”生态、宜居、慢行小城镇。

巴彦浩特镇——大漠驼乡，古城新貌

巴彦浩特镇是阿拉善盟、阿拉善左旗政府所在地。“巴彦浩特”为蒙古语音译，意为“富饶的城”。古城原称“定远营”，始建于 1730 年，1952 年更名为“巴彦浩特”。清代以来，定远营一直是阿拉善历史上重要的经济、宗教、文化中心，是今天巴彦浩特发展的起始点，也是阿拉善及内蒙古西部最具传统特色、保存历史文化遗产最为集中、文物资源最为丰富的古城之一。

图 13-24 20 世纪 70 年代巴彦浩特镇全景

图 13-25　20 世纪 50 年代定远营王府一角

巴彦浩特镇的城镇形成与发展大致经历了三个时期：依托营盘山、三道沟为风水格局形成的定远营建城时期；以南门外十字街逐渐向西南拓展的圈层式发展时期；以老陵滩为选址形成的东部新区飞地式发展时期。

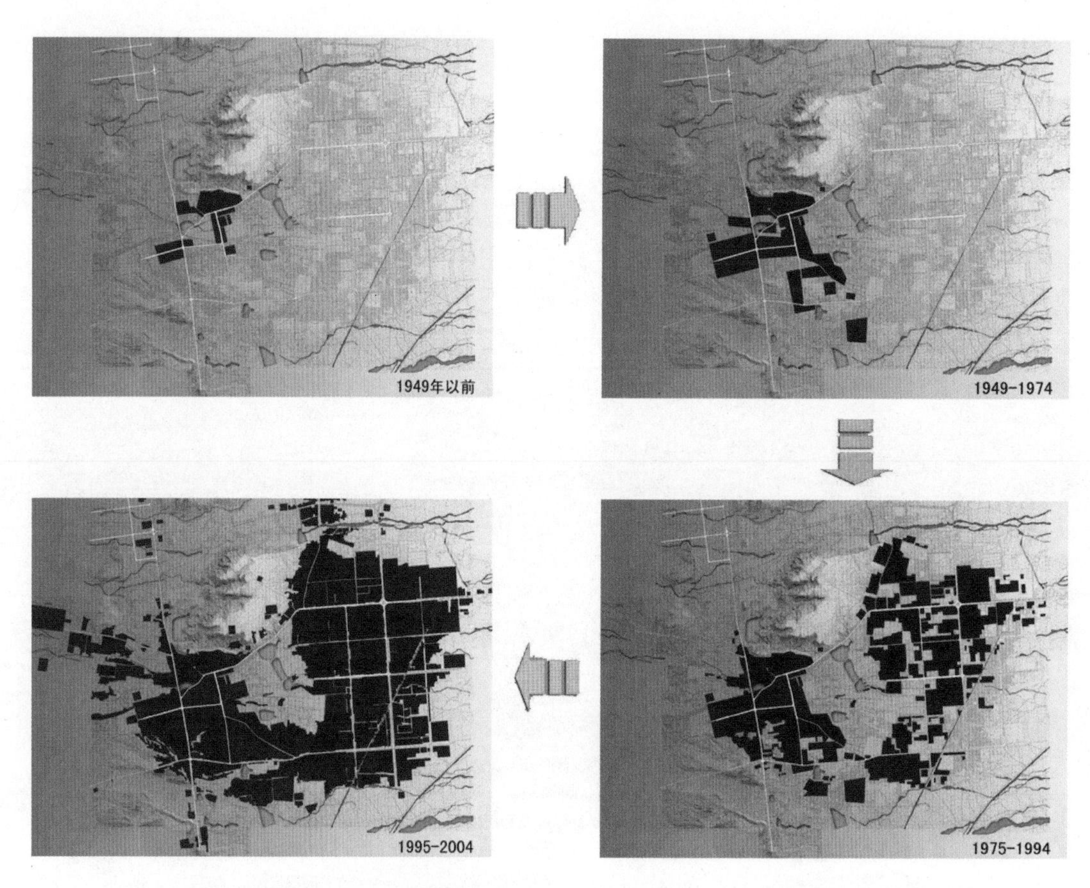

图 13-26　巴彦浩特镇城市空间结构演变示意（1949~2004 年）

1731 年定远营建设之初，以军事防御为主要目的，修筑了完整的城墙，城南为王爷府和延福寺，城北为营帐区。1841 年后已初具规模，形成南部“东王府、中寺庙、西居住”，北部军队营盘的功能布局；城外依托三道沟，形成东、西两花园，中间十字商业街的基本城市空间结构。

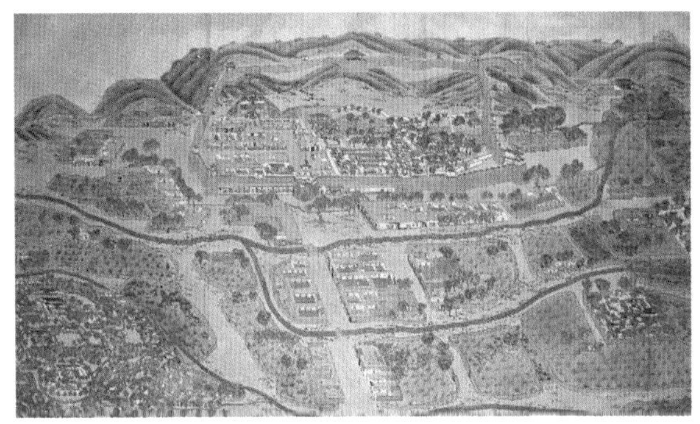

图 13-27　清朝时期的定远营城市格局

新中国成立后，越来越多的外来人口迁至巴彦浩特，其主要来自巴盟后套、宁夏银川、甘肃民勤等地。这些汉、回族百姓与居住在定远营内的蒙古族原住民多元融合，创造了巴彦浩特镇绚丽多彩的地域民族文化，为城镇的发展建设注入了新的活力。在定远营外形成了一些具有典型明清风格的居住建筑群、清真寺等。

图 13-28　明清风格民宅建筑群

图 13-29　东关清真寺

改革开放后，随着经济的加速增长，以额鲁特大街、新华街为主要城镇轴线，沿街建成了许多多层建筑。这些异军突起的建筑使得城镇街道空间更加立体，界面更加丰富，标志着巴彦浩特镇城镇建设逐步迈入了现代化发展阶段。

图 13-30　20 世纪 90 年代中期额鲁特大街

图 13-31　20 世纪 90 年代中后期新华街

2011 年至今，伴随着东部行政新区的加速建设，巴彦浩特城镇建设迈入了大踏步的冲刺阶段，城镇风貌得到显著提升。

图 13-32　巴彦浩特镇东部行政新区

自此，巴彦浩特镇基本形成了以城东行政新区、城中定远营历史街区及巴音绿心、城西老城区的总体布局，以额鲁特大街、土尔扈特大街、腾飞大道、雅布赖路为景观轴线，以金骆驼雕塑、体育馆、盟署行政大楼、定远营古建筑群、体育场、大漠奇石博物馆、金色胡杨音乐厅、博物馆等标志性建筑、雕塑为风貌节点，以丁香生态公园、敖包生态公园为绿色外延的城镇风貌空间结构。

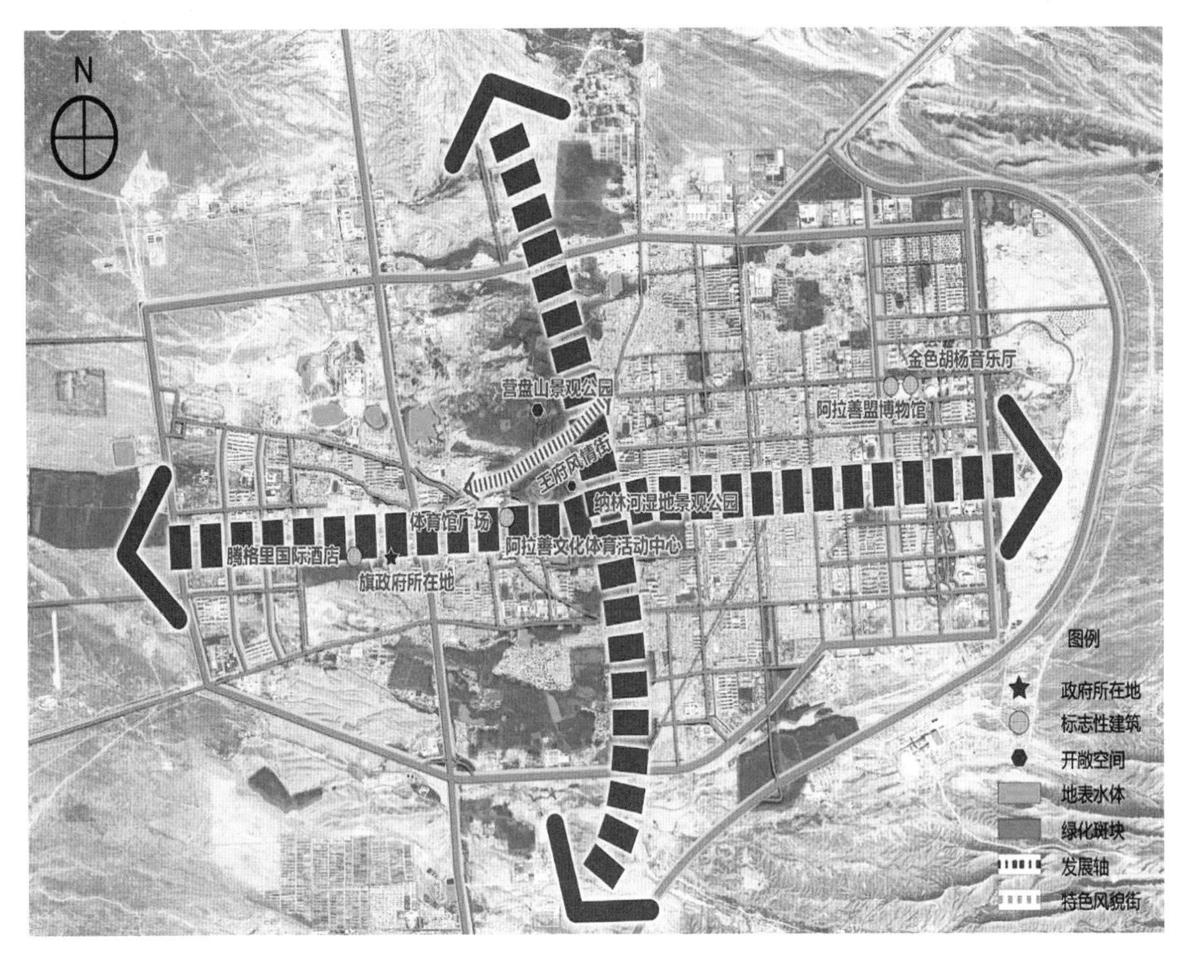

图 13-33　巴彦浩特镇城镇风貌空间结构示意图

城镇天际线：以贺兰山及其台地草原为背景，以营盘山、鹿圈山及城中水系为依托，使得错落有致的建筑群与绿色生态背景相辉映，构成了富有韵律感的城市天际线。

图 13-34　巴彦浩特生态公园全景天际线

图 13-35　巴彦浩特镇城市鸟瞰

城镇景观轴线：以东西向额鲁特大街为依托的历史文化景观轴、雅布赖路为生活性道路；以土尔扈特路为依托的民族特色景观轴和以腾飞大道为依托的东西延伸的城市现代景观轴。

图 13-36　额鲁特大街

图 13-37　腾飞大道

图 13-38　土尔扈特路

图 13-39　安德街

图 13-40 营盘山生态园

城镇公园广场：以营盘山生态园、巴音绿心为生态景观核心；以丁香生态园、敖包生态园为生态外延的城市开放空间体系。

图 13-41　巴音绿心

图 13-42　丁香生态园

图 13-43　敖包生态园

城镇夜景亮化：近年，巴彦浩特镇重点塑造“三轴”、“两片区”的夜景亮化，即以额鲁特大街、腾飞大道、雅布赖街为轴，以定远营片区、行政新区为面，形成历史特色、现代气息、商业气氛浓郁且色彩活泼的城市夜景形象。

图 13-44　巴彦浩特镇夜景

城镇艺术空间：巴彦浩特镇素有“大漠驼乡”的美誉，其位于额鲁特大街与土尔扈特路交会处的金色骆驼雕塑代表了城镇的文化缩影与历史记忆。同时，新规划、新设计的五组雕塑“丝路驼乡、地毯之城、马踏飞燕、越野千里、奥运长青”也为城镇艺术空间增色添彩。

图 13-45　巴彦浩特镇艺术空间

标志建筑风貌：巴彦浩特镇有着传承百年的悠久历史和多元民族融合的文化背景，其传统文化为典型的游牧文化与农耕文化的结合，并深受藏传佛教、伊斯兰教、基督教等宗教文化的影响；同时，作为盟署所在地，不论是三百多年前的定远营古建筑，还是近代甘宁风情的老民宅，抑或当代新理念、新技术下的公共建筑，均可成为城镇建设风貌宣传的靓丽名片。其建筑风格主要有传统风格建筑、地域气质建筑和现代风格建筑。

传统风格建筑：传统风格建筑主要有明清风格建筑、近现代风格建筑、甘宁民居建筑和新中式建筑等。

地域气质建筑：地域气质建筑主要有古典式蒙古风格建筑、现代蒙古族建筑、蒙藏式建筑、伊斯兰风格建筑、简欧风格建筑等。

现代风格建筑：适应现代技术和材料而建造的造型简洁、形式反映功能的建筑等。

图 13-46　定远营城门

图 13-47　定远营古民宅

图 13-48　王爷府中西结合式建筑

图 13-49　甘宁风格民居

图 13-50　王陵公园门楼

图 13-51　阿拉善军分区

图 13-52 阿拉善大酒店

图 13-53　盟行署办公楼

图 13-54　体育场

图 13-55　体育馆

图 13-56　大漠奇石博物馆

图 13-57　左旗图书馆

图 13-58　大漠胡杨音乐厅

图 13-59　阿拉善盟博物馆

图 13-60　天盛商城

图 13-61　蒙古族移民新村

13.3 阿拉善盟城镇风貌体系和要素

13.3.1 巴彦浩特镇城镇风貌体系

基于以上自然、文化和城市空间形态三个方面子系统的分析，以“山、水、城、景”为脉络构建出巴彦浩特镇城镇风貌体系的整体格局：历史上的巴彦浩特（定远营）在城镇建设方面已充分注意利用周边山水环境，因借成景，注重自然山水景观与城市环境相互融合；作为特色鲜明的北方边疆城市，依势而建的“定远营”古城构成了巴彦浩特镇依山傍水建设的基础格局；贺兰山、腾格里沙漠等自然景观则为巴彦浩特镇提供了独特的城市背景；营盘山、鹿圈山、生态湿地等内部地形为巴彦浩特镇提供了丰富的景观要素。

表 13-1　阿拉善盟城市风貌体系

“山”	贺兰山及其山前台地，营盘山、鹿圈山等低山丘陵为城区整体环境景观的构建提供了雄浑的背景与活跃的元素
“水”	由三道沟等水系蜿蜒形成的河流及十余处涝坝、水库是巴彦浩特镇良好环境的特色精髓，也是营造城区生态景观的灵气所在
“城”	山水之间的城市及其建筑有机融入自然底景、合理布局，形成疏朗开放的城市空间环境，同时也是沙漠中生态宜居的绿色小城
“景”	城区外围的生态绿地、营盘山等人工种植的园林、苗圃，各处水渠、涝坝周边自然生长的林地灌木是城区园林景观建设的重要依托

在此优良的山水格局中，古老的游牧文明、农耕文明与现代城市文明融合延续；草原风情与民族风情相依共存。城镇风貌中既保留着草原城市独特的亲近自然与舒朗大气，又有着多民族聚居区形成的丰富而独特的文化特性。

13.3.2 巴彦浩特城镇风貌要素

巴彦浩特城镇“山、水、城、景”的风貌体系，在操作层面则体现在具体的风貌要素上，依照自然、文化和城镇建设子系统的顺序，总结有：自然基底、人工景观、开敞空间、城市天际线、城市色彩、建筑风格、历史街区、空间格局、雕塑小品等。

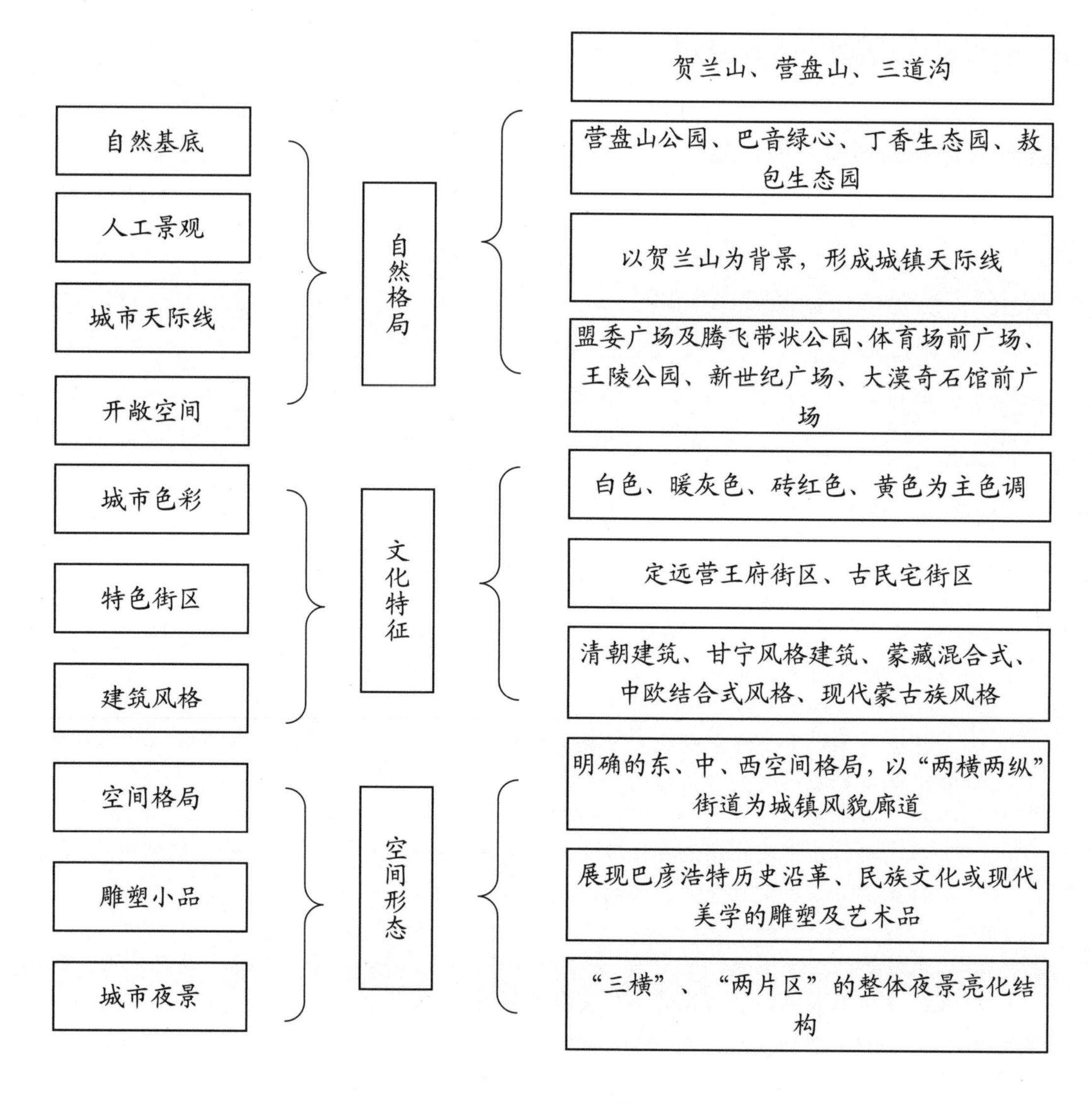

图 13-62　阿拉善盟风貌要素图

13.4 结语

巴彦浩特镇作为阿拉善盟行署所在地，承载着地区政治、经济、文化等多种职能，在既往的城镇现代化发展与快速建设过程中，取得了卓越的发展成就，奠定了城镇风貌的总体基调。

“巍巍贺兰”： 巴彦浩特镇所处的优越的自然环境成为塑造城镇风貌的山水基底，城市格局按照“东望贺兰、北依营盘、南临三河、西揽鹿圈”而倚山筑城。在充分发挥好贺兰山与三道河等河湖水系优质自然资源的前提下，自然与人工有机结合，形成了城镇风貌良好的生态本底。

“王府营盘”： 巴彦浩特镇以定远营古城为根本，依托多元文化大融合的历史脉络，兼具民族文化、宗教文化和现代科技文化的多重个性文化特质。不同历史时期形成的文化特质以物质或非物质遗存的形态影响着城市居民的日常生活和城市的建设与发展。

“大漠驼乡”： 阿拉善盛产骆驼，是当地最具特色的文化符号之一。巴彦浩特镇传承了骆驼坚忍不拔、勇往直前的品质，同时，这种精神也成为体现城镇特色风貌的重要载体，使之呈现出空前壮阔的沙漠绿洲城镇风貌。

第 14 章 “东亚之窗”——满洲里市风貌区

图 14-1 满洲里城市夜景

14.1 满洲里市风貌区概况

满洲里原称“霍勒津布拉格”，蒙语意为“旺盛的泉水”。周、秦时为东胡居地，西汉时为匈奴左贤王庭辖域，三国、晋时为鲜卑居地。唐时为西室韦居地，受辖于室韦都督府。明时为蒙古人居地，受辖于奴儿干指挥使司斡难河卫海剌儿千户所。1902 年 10 月 20 日，东清铁路试运营，满洲里成为进入中国东北地区的首站。目前，满洲里是由呼伦贝尔市代管的内蒙古自治区直辖县级市和计划单列市。

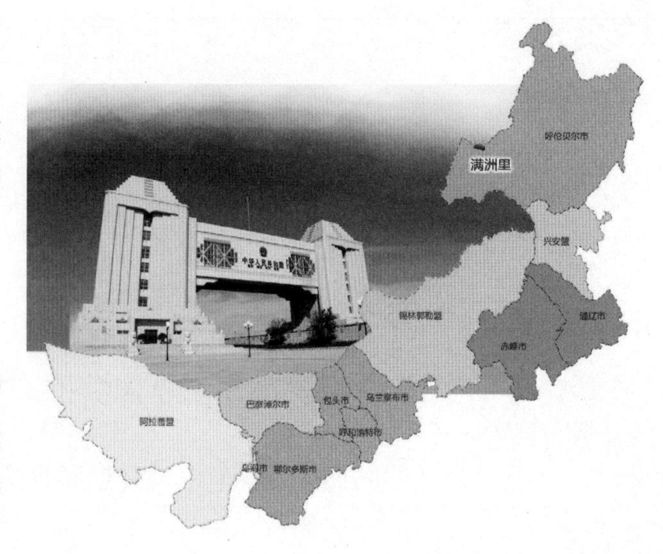

图 14-2　满洲里市区位示意图

满洲里市市域面积为 734.56 平方公里，现辖扎赉诺尔区、中俄互市贸易区、边境经济合作区、东湖区、国际物流产业园区、综合保税区、敖尔金区等 6 个功能区和新开河镇、灵泉镇，户籍人口 17 万人。

满洲里市地处于中、俄、蒙三国交会处，是欧亚第一大陆桥的战略节点和最重要、最快捷的国际大通道，素有“东亚之窗”美誉，是全国最大的陆路边境口岸，承担着中俄贸易 65% 以上的陆路运输任务，历史上就是欧亚交往的主要通道、交通枢纽和重要商埠。2002 年，满洲里铁路口岸被国家列为重点建设和优先发展的两大铁路口岸之一，2012 年被国务院确定为国家重点开发开放试验区和“大通关”试点口岸。

14.2 满洲里市城市风貌系统构成

满洲里市城市风貌系统包括自然生态景观风貌子系统、历史文化景观风貌子系统、城市空间形态风貌子系统。

东清铁路试运营后，进入中国东北地区的首站名俄译“满洲里亚”，汉译“满洲里”，满洲里由站名作为城市的命名沿用至今。

图 14-3　套娃广场建筑

14.2.1 自然生态景观风貌子系统——湿地草原

满洲里市位于呼伦贝尔高平原和大兴安岭边缘过渡地带，主要地形为波状起伏的丘陵。霍尔津山脉呈东北一西南走向，横亘于市区中部，致使中部高、西部平缓、东部为沼泽洼地，地势由西北向东南倾斜，坡度比较平缓。西部主要地形为丘陵，丘陵区以西主要为半干旱

图 14-4　呼伦湖

图 14-5　二卡湿地自然保护区

草原，呈现低矮而平缓的起伏状地形；东部为低洼地带，形成大片沼泽湿地。海拉尔河是境内主要水系，全长 708.5 公里。呼伦湖位于满洲里西南部，是我国五大淡水湖之一。市内还分布有其他小型湖泊，包括查干湖、无名湖、胪膑湖、胜天池等，共同构建了满洲里市独特的草原湿地自然风貌基底环境。

图 14-6　市内的北湖

14.2.2 历史文化景观风貌子系统——异域风情

满洲里地处内蒙古东部，紧邻俄罗斯赤塔州，原为边境小镇，名霍勒金布拉格，蒙语意为“旺盛的泉水”，是清政府边防哨所——卡伦所在地。1900 年 4 月，东清铁路西段由满洲里地区开始向东铺设。1901 年秋，火车站建成，定名满洲里站，这是满洲里作为地名之始，至今已有 113 年历史。满洲里城市空间形态的演变经历了一个以铁路为基础、向周边片状拓展的空间生长过程。

图 14-7　20 世纪 30 年代的满洲里

图 14-8　旧水塔

图 14-9　满洲里现状鸟瞰

满洲里市的文化属于典型的外来复合型文化，其主体文化深受俄罗斯文化的影响，兼有草原游牧文化、关东文化及红色文化影响。

中东铁路文化遗产完整体现了 20 世纪早期西方文化、工业化、近代化进程的实物例证，见证着沙俄殖民、中苏共管、日本侵华、人民铁路等百年历史风云。俄国十月革命胜利后，许多中共党的高层领导人从满洲里出入国境。从此，满洲里的历史上多了一页关于“红色”的记忆，成为当时使用时间最久的红色国际秘密交通线。同时，满洲里还具有悠久独特的万年历史文化传承、千年草原民族文明和百年矿山工业历程。

中东铁路文化遗产占到满洲里市历史文物的 90% 以上。诸如满洲里俱乐部、满洲里俄式水塔、谢拉菲姆东正教教堂遗址等都是弥足珍贵的历史文化遗产。

图 14-10　中东铁路历史街区

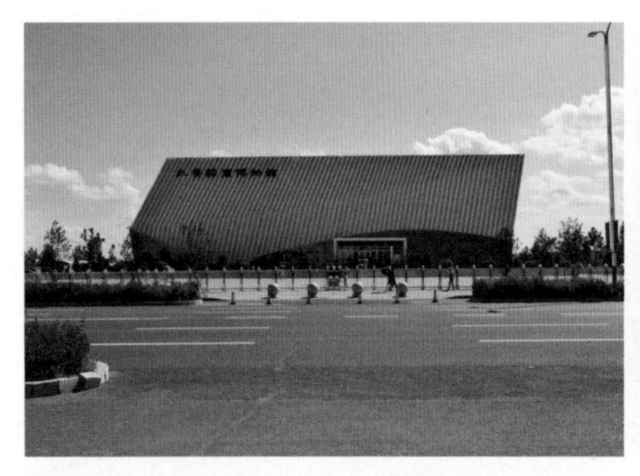

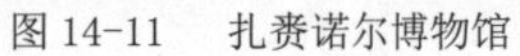

图 14-11　扎赉诺尔博物馆

图 14-12　满洲里红色展览馆

满洲里市的国际贸易带动了边境口岸旅游、跨境旅游等产业的蓬勃发展。国门景区成为全国 100 个红色旅游经典景区之一，41 号界碑、红色国际秘密交通线遗址、中共六大展馆、火车头广场等，形成了完整的红色旅游系列景点。

图 14-13　满洲里国门

图 14-14　满洲里国门景区

图 14-15　繁忙的铁路运输

特色文化是满洲里旅游资源的主体。满洲里现已有国家 4A 级旅游景区 4 家，国家 2A 级旅游景区 2 家。俄罗斯套娃广场被上海大世界基尼斯总部评定为“世界最大的套娃和最大的异型建筑造型群”，已初步形成了包括异域风情游、草原观光游、红色记忆游、历史文化游、休闲度假游等旅游产品多样化的格局。

特色文化旅游催生了一批新兴的文化体育活动和节日，如中俄蒙国际选美大赛、中俄蒙国际旅游节、中俄蒙国际冰雪节、中俄蒙科技展、中国特色圣诞狂欢节、全国青少年越野滑雪锦标赛、国际滑雪邀请赛、反季节滑雪旅游赛等，使满洲里市的旅游文化氛围日益浓厚，国际口岸城市形象也逐渐树立。

图 14-16　套娃广场景区

图 14-17　猛犸旅游公园

图 14-18　中俄蒙国际选美大赛

图 14-19　中俄蒙国际冰雪节

14.2.3 空间形态景观风貌子系统——魅力边城

满洲里市以组团式布局为主，形成旧区和扎区一主一副两个城市中心的空间格局按照不同的风貌特色，城市建成区分为中心商业风貌区、产业风貌区、异域民俗风貌区、生活风貌区和休闲旅游风貌区。

城市以“ 一环两轴三带多点 ”的景观结构串联所有景观要素，构建“山、水、城”相互交融的风貌特色。“ 一环”：指的是环绕满洲里主城区的城市景观绿廊。“两轴”：是指已形成的“十”字形的两条人文景观轴线。横向人文景观轴为以国门景区为起始点的 301 国道沿线，形成东西向异域民俗风情的景观轴线；纵向人文景观轴以呼伦湖为起点，二卡湿地公园为终点，形成人文景观为主体兼有自然风光的景观轴线。“ 三带”：指以城内水系、呼伦湖、二卡湿地公园及其两侧生态绿地为主，形成三条滨水景观带。“多点”：是指城市商业中心、交通节点、自然山体、城市出入口、公园、广场等景观节点。

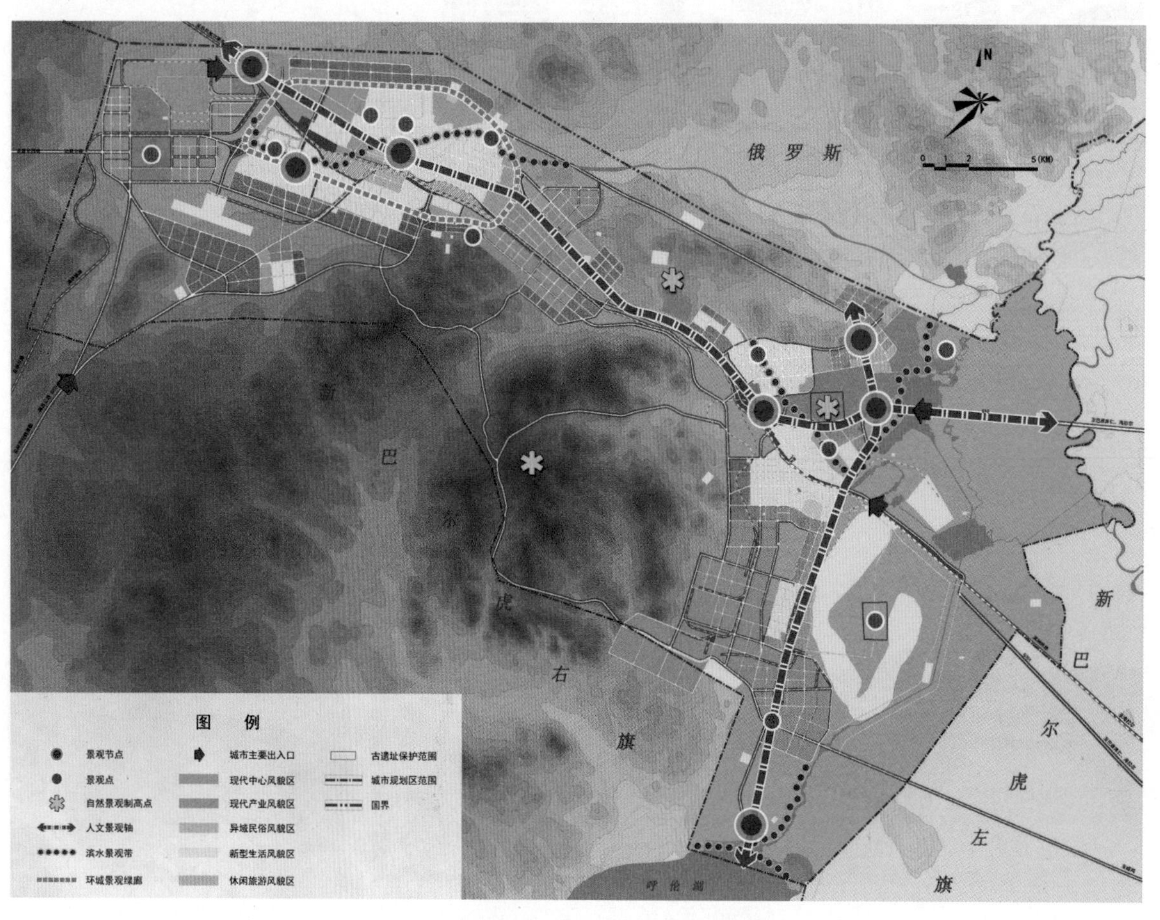

图 14-20　满洲里城市风貌空间结构示意图

城市天际线：满洲里市天际线以绵延的自然丘陵为背景，公园绿地和水体点缀其中。市内建筑高度控制较为严格，高层建筑数量较少，主城区中部商业中心区数座标志性的中高层建筑或建筑群成为城区景观标志点，形成城区高低错落、主景突出的天际轮廓线。

图 14-21　城市天际线

图 14-22　铁路沿线城市天际线

图 14-23　北湖高层建筑群轮廓线

景观轴线：横向人文景观轴以国门景区为起始点，通过国门路、华埠大街、五道街、迎宾大街、301国道沿线绿化景观带，将东欧异域雕塑风情园、套娃广场、红军烈士公园、蘑菇山旧石器遗址等景观点串联，形成东西向的以人文景观为主体兼有异域民俗风情的景观轴线。纵向人文景观轴以呼伦湖为起点，二卡湿地公园为终点，通过通湖大道、东外环路将扎赉诺尔国家矿山公园、鲜卑古墓群遗址、蘑菇山旧石器遗址等景观点串联，形成南北向的以人文景观为主体兼有自然风光的景观轴线。

图14-24　满洲里东西景观轴线

图14-25　满洲里南北景观轴线

城市广场：公共广场主要有套娃广场、北方市场（广场）、双拥广场、迎宾广场、市民广场、飞马广场和车站站前广场，为中心城区各处提供可供休憩、娱乐、冥思的开敞空间。

公园绿地：公共绿地包括西山植物园、胪膑（北湖）公园、烈士公园、猛犸公园、鹰山植物园、俄式风情园、查干湖公园及部分街头绿地。

图 14-26　满洲里北湖公园

图 14-27　市民广场

图 14-28　套娃广场

城市夜景：满洲里的夜景塑造较为成功，尤其是国际贸易服务中心街区以金黄色为主的建筑夜景基调，突出体现了异域风情的商业城市整体风貌特点，被称为“小香港”。

图 14-29　城市街道夜景

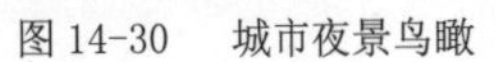

图 14-30 城市夜景鸟瞰

图 14-31 城市商业夜景

建筑风貌：满洲里特色建筑以俄罗斯式、哥特式、文艺复兴式、苏联式等简欧风格建筑为主。主城区新建重要的标志性建筑体现了“原汁原味”的典型的俄罗斯建筑风格。建筑色彩主要以浅暖色调为主，局部采用鲜艳的颜色。

图 14-32 俄罗斯艺术博物馆

图 14-33 扎赉特区政府办公大楼

图 14-34 婚礼宫

图 14-35 猛犸公园建筑

图 14-36 体育馆

图 14-37 满洲里学院

图 14-38 市中心商业区建筑

14.3 满洲里市城市风貌体系和要素

14.3.1 满洲里市城市风貌体系

满洲里市以草原为背景，以呼伦湖、海拉尔河等自然湿地为特色环境景观，以“草、沼、城”为核心构建了重要的山水格局。满洲里历史上深受中俄蒙三国文化的影响，如今基于国际口岸旅游城市的地位，充分发挥对俄开放的桥头堡作用，塑造东北亚国际物流中心，成为北方边陲展示中俄蒙三国文化的“东亚之窗”。

表 14-1 满洲里市城市风貌体系

“草”	呼伦贝尔高平原和大兴安岭边缘过渡地带，使满洲里西部主要地形为波状起伏的丘陵
“沼”	市域内有海拉尔河、达兰鄂罗木河、新开河、霍尔津河支流等河流，有二子湖、查干湖、小北湖以及闭流区干沟，并毗邻全国第五大淡水湖——呼伦湖，东部为沼泽洼地，形成北方湿地生态特色景观
“城”	主城区标志性建筑均体现了典型的俄罗斯建筑风格。城市整体风貌对于俄罗斯人像在自己国家，对国内游客则是异域风情

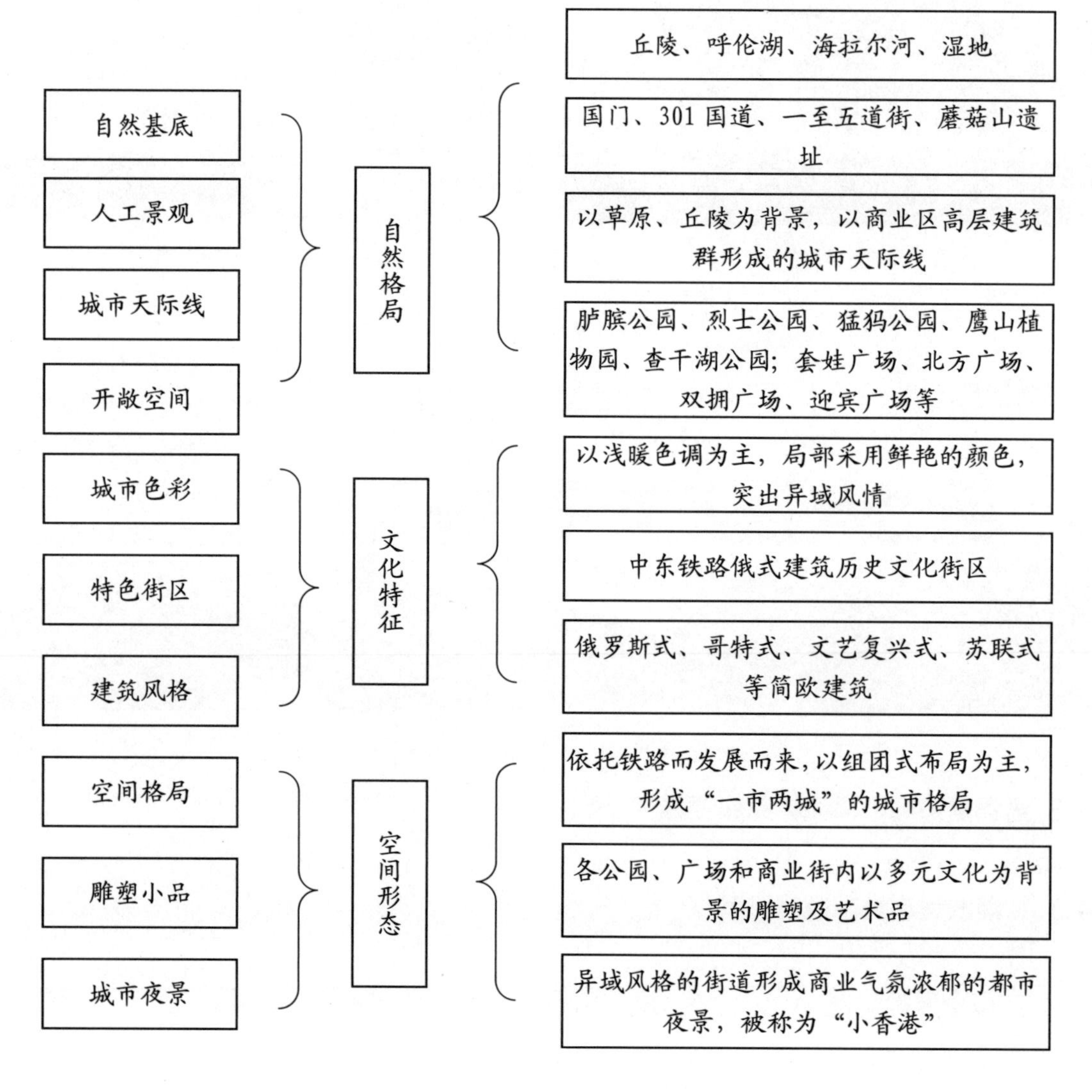

图 14-39 满洲里市城市风貌要素图

14.3.2 满洲里市城市风貌要素

满洲里市以“草、沼、城”构建城市风貌系统，可进一步分为自然生态景观风貌子系统、历史文化景观风貌子系统和空间形态风貌子系统，城市所在地区的自然、文化与历史的地域性特征以直接或间接的方式体现在具体的风貌载体中，包括：城市的自然基底和人工景观、空间格局、开敞空间、城市天际线、城市色彩、建筑风格、特色街区、雕塑小品等。

14.4 结语

满洲里市作为国际口岸旅游城市，承载着对外开放、对内联系的职能。满洲里市有着得天独厚的生态自然环境和悠久的人文历史。城市因中东铁路而生，决定了其多元共生的文化特质，城市文化和建设也体现出包容开放的性格特征。

“湿地草原”：满洲里市所处的湿地草原是北方气候条件下少有的特殊自然环境，为发展特色旅游奠定了良好的基础，也是塑造城市特色风貌重要的山水基底。

“异域风情”：满洲里主体文化深受俄罗斯文化的影响，同时具有草原游牧文化、关东文化及红色文化的特点。满洲里市作为国际口岸旅游城市，已初步呈现出现代国际旅游大都市形象。

“魅力边城”：满洲里通过坚持塑造欧式建筑风格，及主城区新建重要的标志性建筑，体现“原汁原味”的典型的俄罗斯建筑风格，以鲜明独特的文化特征、民俗习惯等形成了异域风情浓郁的城市特色风貌。

第 15 章 “北疆之门”——二连浩特市风貌区

图 15-1 伊林驿站

15.1 二连浩特市风貌区概况

二连浩特地区最早发现人类遗迹的地方称为二连盐池。光绪十五年（1889 年），清政府架通张家口至库伦（今蒙古国乌兰巴托）的电话线，设电报局，并将该地标入当时的地图集，名曰“二连”。1956 年，随着集宁至二连国际铁路的建设而正式建立二连浩特市，1957 年升格为县级建制，属锡林郭勒盟。1986 年，自治区政府批准二连为计划单列市。1992 年，二连浩特市被国务院列为 13 个沿边开放城市之一。

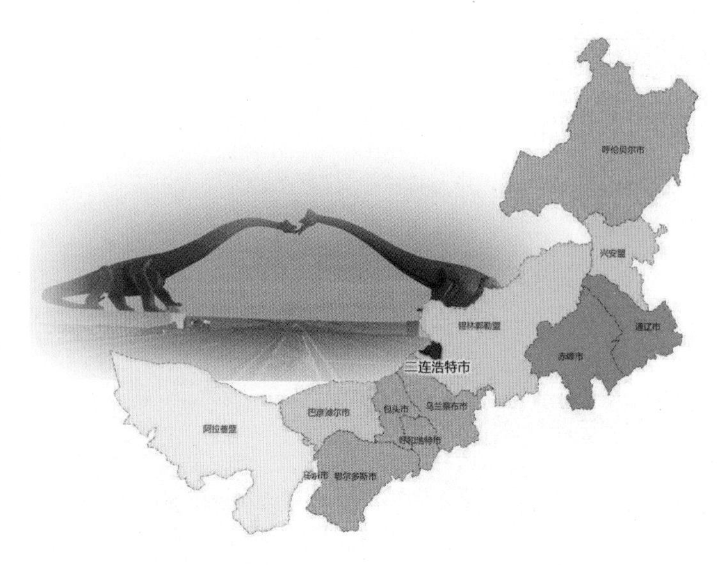

图 15-2　二连浩特市区位示意图

二连浩特市辖区面积 4015 平方公里，城市建成区面积 27 平方公里。下辖 1 个苏木（5 个嘎查）、8 个社区。全市总人口约 10 万人，户籍人口 3.1 万人。

二连浩特北与蒙古国口岸城市扎门乌德隔界相望，两市相距 4.5 公里，是距首都北京最近的边境陆路口岸。距乌兰巴托 714 公里、莫斯科 7623 公里，是我国对蒙开放的最大陆路

图 15-3　二连浩特城市鸟瞰

“二连浩特”是蒙语的汉译音，沿用市郊“额仁达布散淖尔”（现译二连盐池）之名，“额仁达布散淖尔”意为斑斓湖之城。“额仁”是牧人对荒漠戈壁景色的一种美好描述，有海市蜃楼的意思，古名“玉龙”、“伊林”和现在的名称“二连”均为蒙古语“额仁”的讹意转写。

口岸，是国家和自治区向北开放的前沿和窗口，是最接近欧亚大陆桥的“桥头堡”。

15.2 二连浩特市城市风貌系统构成

二连浩特市城市风貌系统包括自然生态景观风貌子系统、历史文化景观风貌子系统、空间形态景观风貌子系统。

15.2.1 自然生态景观风貌子系统——恐龙故里

二连浩特市地势平坦，由西南向东北缓缓倾斜，平均海拔 932.2 米。地表无河流，地下有古河道穿境而过。二连浩特市与浑善达克沙漠相邻，全市共有草场 577 万亩，森林 25 万亩，绿化覆盖率 36.5%。二连浩特市属于水资源缺乏地区，草原景观呈现出荒漠化草原苍茫壮阔的特色风貌。城市在营造良好居住环境过程中，形成了以人工环境为主的绿地系统，市内绿地系统由奥林匹克公园、陆桥公园等公共绿地，沿伊林路和乌珠穆沁街形成的绿化景观带，及爱民林东园、新区中央大道社区公园、口岸公园等大量的街头绿地组成，在荒漠之中塑造出一片宜人居住的土地。

二连浩特市是世界上最早发现恐龙及恐龙蛋化石的地区之一，是世界最大的白垩纪恐龙化石埋藏地。于 1983 年，在二连盐池首次发现了恐龙蛋化石，以分布种类多、分布广、保存

图 15-4 恐龙国家地址公园

图 15-5 戈壁草原上天鹅湖公园恐龙雕塑

图 15-6 草原上的敖包

完好，成为晚白垩纪恐龙化石生物群的代表。特殊的地质环境和历史机遇造就了二连浩特市独特的自然遗迹条件。

15.2.2 历史文化景观风貌子系统——千年古道

二连浩特早在原始社会就有古游猎部落，春秋战国时期为林胡地，亦称东胡地。秦汉时匈奴迁徙在此，东汉时期为乌恒、鲜卑入居，隋唐二代由突厥徙牧。辽为漠葛失部地，金为汪古部族地。元属上都苏尼特鄂托克地，设玉龙栈。明英宗十四年（1449 年）归北元左翼三万户，称苏尼特鄂托克。清嘉庆二十五年（1820 年）年设置“伊林”驿站。

中国古代历史上有过以长安为起点的汉唐丝绸之路和以大都（今北京）为起点的元朝草原丝绸之路、“茶叶之路”。伊林驿站即草原丝绸之路上的重要驿站——玉龙栈。此驿站在清朝时成为通往草原茶丝道上的重要站点，路上的驿站遗址，今天仍然依稀可见，显得特别珍贵，成为二连浩特市因路兴盛的历史佐证。因此，二连也被称为 “千年古商道”。“ 茶叶之路”是中、蒙、俄三国共同的宝贵历史文化资源，也是全世界珍贵的文化遗产，深入挖掘茶叶

图 15-7 伊林驿站博物馆

图 15-8　伊林驿站博物馆序厅

图 15-9　“茶叶之路”纪念碑

之路这一历史文化，对塑造二连浩特的国际口岸城市形象有着重要意义。目前已建成反映驿站文化的博物馆——伊林驿站遗址博物馆。

二连浩特市是建立在火车轮子上的城市，其因路兴盛。1918 年，张家口旅蒙商开办“大成张库汽车公司”，开通了张家口至库伦汽车运输线，二连盐池成为这条运输线上的重要站点之一，站名为“滂北”。中华人民共和国成立后，1953 年集二铁路正式动工修建，在铁路选线时，为避开盐池低洼地形，从传统交通线西移 9 公里，又在传统边境线南 6.463 公里处建国境火车站，站名始称“额仁”，因发音不便，更作“二连”。1956 年 1 月，中、朝、越、苏、蒙及东欧各社会主义国家参加的铁路联运正式开通，以车站为中心的建筑群便成为二连浩特市的市区雏形。

矗立于中蒙两国边境的中华人民共和国国门，距国境线百余米，巍峨庄严，分四层，第三层为观光瞭望台，可以看到二连浩特和北边数公里外蒙古国的边城扎门乌德市。国门下的铁路，就是连接中蒙俄三国的亚欧大陆桥，铁路旁边有中蒙两国的界碑。

图 15-10　二连浩特国门

图 15-11　国门景区门字造型小品

图 15-12　界碑

15.2.3 空间形态风貌子系统——现代口岸

二连浩特市城镇体系了形成“一主、一副、两轴”的空间布局结构。“一主”：以二连浩特市中心城区为市域发展中心，联系各条发展轴线。“一副”：以格日勒敖都苏木行政所在地赛乌素嘎查为二连浩特市的发展副中心。“两轴”：以二广高速、集二铁路为主线集经济、交通、旅游为一体的南北综合发展轴线；以国道 331 二连到锡林浩特市为主线的东西向的西部资源发展轴。

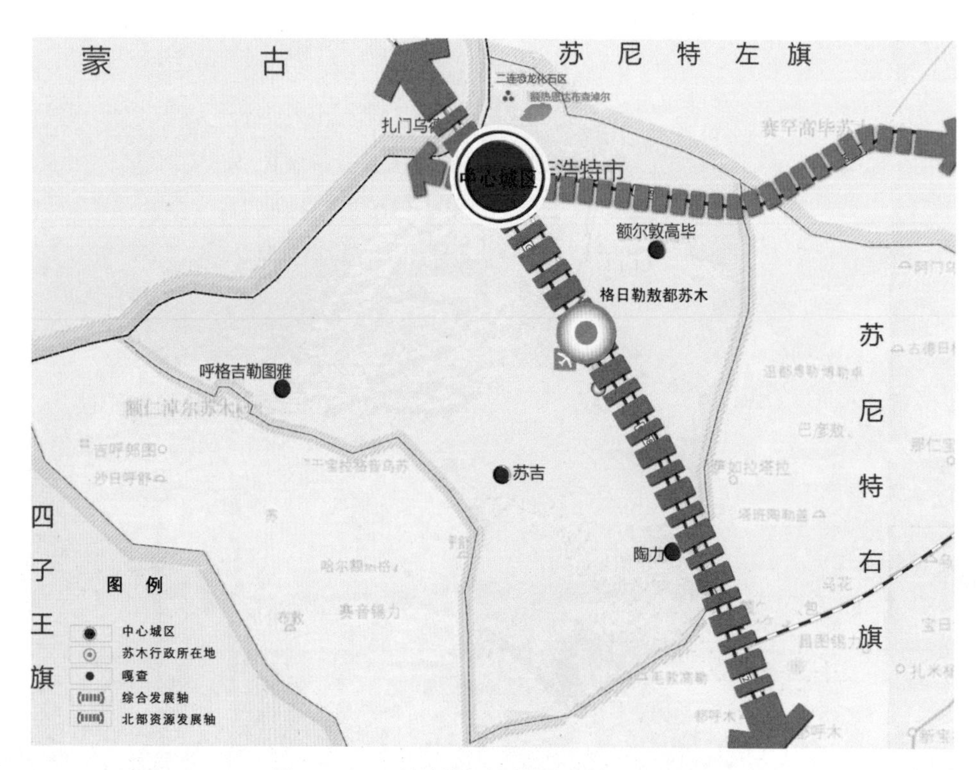

图 15-13　二连浩特市市域城镇体系结构示意图

二连浩特市中心城区城市空间结构形成了“两心、两带、三轴、四片区”的发展格局。“两心”——即行政中心和商业中心，行政中心位于城市西区，聚集了城市主要的行政服务中心；商业中心位于老城区，以城市发展已经形成的商业网络为基点形成商业聚集区。“两带”——伊林路和乌珠穆沁街沿街形成的绿化景观带，同时结合绿化建设文化展示区域。“三轴”——三条主要景观轴。以新华街为景观主轴，创业路和前进路为两条景观次轴。新华街作为城市历史发展景观轴，保留一部分原有建筑，传承城市发展文脉。前进路突出改革开放后城市的发展变化。创业路体现现代的口岸城市特征和民族、文化特色。“四片区”——中部生活服务区、东部及南部产业区、西北部跨境合作区和北部监管区。

根据城市的特殊职能和历史文化，空间结构形成以城市美化为主的绿地景观系统和以文化历史为主的人文景观系统。重点体现以“自然、人、建筑”相互协调发展的城市特色景观风貌。

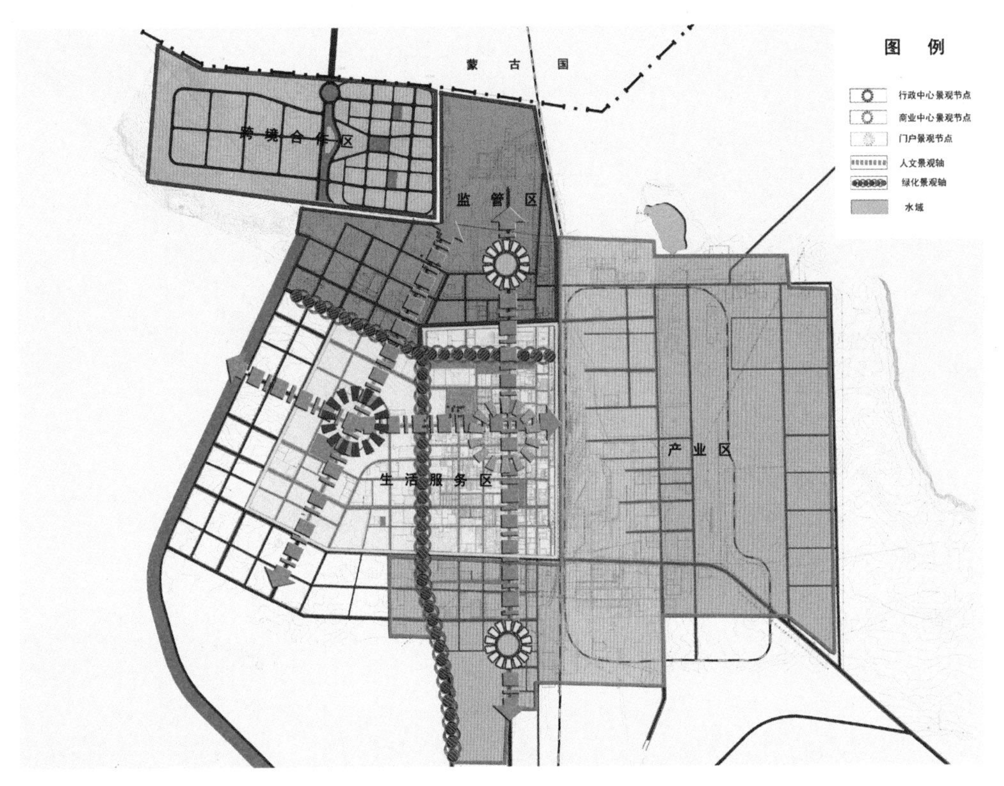

图 15-14　二连浩特市风貌空间结构示意图

城市天际线：二连浩特市天际线以辽阔草原、苍茫天地为背景，建筑平缓，空间开阔，从而形成大气疏朗、与自然融为一体的城区天际轮廓线。

图 15-15　二连浩特市城市天际线

图 15-16　二连浩特市城市鸟瞰

图 15-17　中心区建筑天际线

景观轴线：三条主要景观轴，即横向的新华大街为贯穿整个市区东西向的主要发展轴，纵向的前进路、创业路分别为贯穿老城区、城市西区的次要景观轴，这三条景观轴主要承载城市片区的景观连接。

图 15-18　成吉思汗大街景观轴线

图 15-19　新华大街景观轴线

图 15-20　二连浩特南北向景观轴线

图 15-21 奥林匹克公园

城市广场：公共广场主要为恐龙广场。

公园绿地：公共绿地包括奥林匹克公园、陆桥公园及公安小区公园、新区福利中心公园、变电站公园、爱民林东园、新区中央大道社区公园、口岸公园等街头绿地。

图 15-22　陆桥公园

图 15-23　恐龙广场

图 15-24　爱民公园

图 15-25　建筑夜景

图 15-26　城市夜景 1

图 15-27 城市夜景 2

城市夜景：城市夜景的塑造以行政办公区和商业中心区为主，形成具有异域风情的边陲开放城市形象。

城市雕塑：素有“恐龙之乡”美誉的二连浩特，其城市雕塑小品主要以恐龙形象为主，在城市的主要公园、广场、开敞空间中分布着形态各异的恐龙雕塑、民族特色雕塑和现代雕塑。

图 15-28 南入口恐龙主题雕塑

图 15-29 驿站主题雕塑

图 15-30 行政中心雕塑

建筑风貌：二连浩特市内建筑以欧式风格和现代简欧风格为主，同时，主要的公共建筑则表现出独特地域特色和民族性格，将现代建筑与地域建筑的形态特点相互结合，形成具有城市特色的地域标志建筑。

图 15-31　二连火车站

图 15-32　二连浩特市国际学院

图 15-33　二连浩特旧海关大楼海关

图 15-34　二连浩特会展中心

图 15-35 恐龙博物馆

15.3 二连浩特城市风貌体系和要素

15.3.1 二连浩特城市风貌体系

二连浩特城市处在苍茫的浑善达克沙漠背景之下，坐落在平坦辽阔的草原自然风貌之中，城市有平地拔起之感，充分展示了这座口岸城市的神奇和静谧。

表 15-1 二连浩特市城市风貌体系

“原”	城市建设以广阔的浑善达克沙漠及平坦辽阔的草原为背景，塑造了城市苍劲之感
“驿”	作为古代的驿站和现代的欧亚大陆桥，立足口岸特色，二连浩特已初步形成具有蒙元风情和欧陆风情的都市风貌
“城”	建筑平缓，空间开阔，从而形成大气疏朗、与自然融为一体的城区天际轮廓线

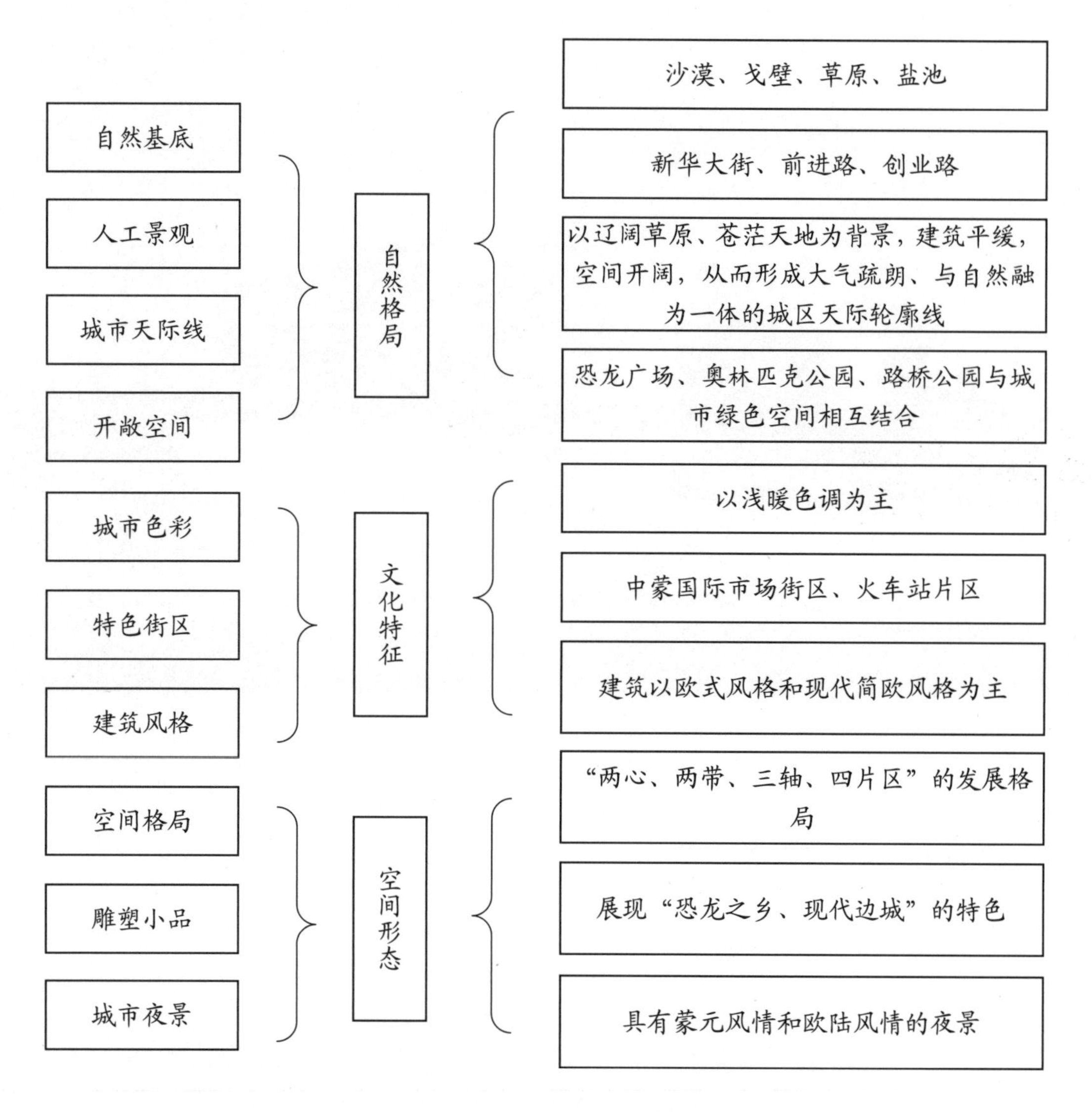

图 15-36　二连浩特市城市风貌要素图

15.3.2 二连浩特城市风貌要素

二连浩特城市风貌以“原、驿、城”构建城市风貌系统，可进一步分为自然生态景观风貌子系统、历史文化景观风貌子系统和空间形态景观风貌子系统，城市所在地区的自然、文化与历史的地域性特征以直接或间接的方式体现在具体的风貌载体中，包括：城市的自然基底和人工景观、城市天际线、开敞空间、城市色彩、特色街区、建筑风格、空间格局、雕塑小品、城市夜景等。

15.4 结语

二连浩特市古代是中原经漠南前往漠北的重要商路节点，在现代是中国北部国际贸易交流大动脉，中蒙俄铁路、公路贯穿于此，连接起第一大陆桥和第二大陆桥。经过多年的发展与快速建设，二连浩特市已经体现出现代国际口岸城市的特色风貌。

“恐龙之乡”：恐龙之乡的美誉体现了二连浩特市悠远沧桑的自然环境，其以广阔的浑善达克沙漠及平坦辽阔的荒漠草原为背景，塑造了城市的苍劲之感，仿佛独立于天地之间，形成了城市风貌独特的自然地理环境。

“千年古道”：历经千年的伊林驿站历史遗迹，使我们感受到了远古时代的历史气息，似乎也看到了古代草原丝绸之路的繁荣景象。而当前，在与蒙古、俄罗斯开展的密切的贸易往来和合作过程中，也能够充分体会到蒙古和俄罗斯民族特有的文化传统。

“现代口岸”：当代的二连浩特被称为“欧亚大陆桥”、“现代买卖城”，它继承了千年古商道的历史传统，并以全新的现代都市形象矗立在广阔草原大地之上，体现出现代国际口岸城市的特色风貌。

第 16 章 “林海雪原”——阿尔山市风貌区

图 16–1 阿尔山市伊尔施组团航拍图

16.1 阿尔山市风貌区概况

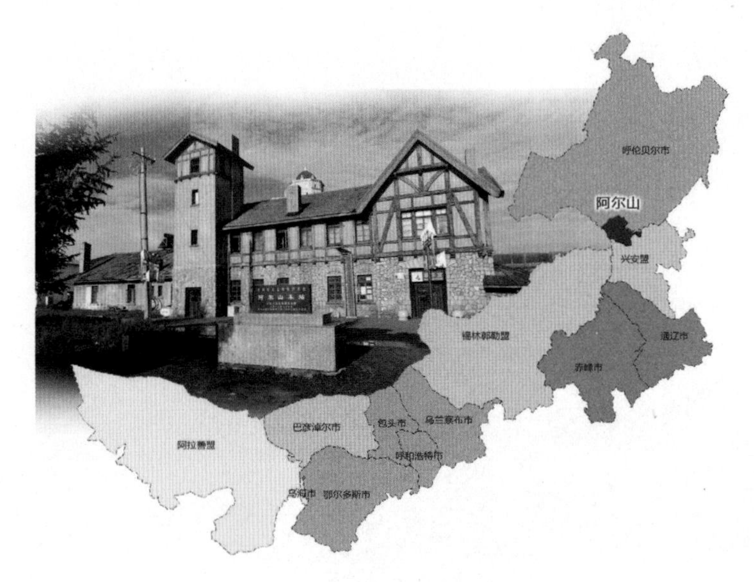

图 16-2　阿尔山市区位示意图

阿尔山全称“哈伦•阿尔山”，蒙语意为“热的神泉”或“热的圣水”之意，其位于内蒙古自治区东北部，兴安盟西北端，地处大兴安岭山脉中段。地理坐标为东经119° 28′ ~ 121° 23′，北纬 46° 39′ ~ 47° 39′之间。阿尔山市解放初期是科右前旗的一个建制镇，1992 年 10 月经自治区人民政府批准成立阿尔山经济开发区，实行计划单列，1996 年 6 月经国务院批准设立县级市。市辖伊尔施、白狼、五岔沟、明水河、天池五个镇和温泉、新城、林海三个街道，中心城区约 5 万 ~6 万人。

16.2 阿尔山市城市风貌系统构成

阿尔山市城市风貌系统包括自然生态景观风貌子系统、文化产业景观风貌子系统、空间形态景观风貌子系统。

16.2.1 自然生态景观风貌子系统——山水环抱

阿尔山市位于中蒙边境，地处大兴安岭腹地。其自然生态条件非常优越，可谓山水环绕，小气候环境相对温暖湿润。因地形条件限制，阿尔山市中心城区分五个组团，即伊尔施组团、温泉雪街组团、机场东组团、银江沟组团与口岸组团，城市布局围绕哈拉哈河与阿尔善河展开。阿尔山市生态本底优越，河流水系水质清凉，可谓是“天然氧吧”。

阿尔山市拥有阿尔山国家森林公园与阿尔山火山温泉地质公园两处名誉中外的自然奇观，其中尤以阿尔山国家森林公园为主。山——水——林——城相互交融，构成了阿尔山市独特的自然生态本底。

图 16-3 阿尔山国家森林公园

图 16-4 阿尔山国家地质公园

图 16-5 哈拉哈河

图 16-6 杜鹃湖

图 16-7　驼峰岭天池

图 16-8　地池

图 16-9　阿尔山街景绿化 1

图 16-10　阿尔山街景绿化 2

图 16-11　“花香小城”阿尔山

图 16-12　阿尔山城市雕塑小品

图 16-13　阿尔山城市雕塑

同时，近些年城市风貌更加注重生态环境建设，将周边美丽的自然环境引入城中，通过生态环境微改造、景观设计、植物花卉搭配种植、城市双修等手段，形成“园在城内，城在园中”的“花香小城”景观风貌。

阿尔山地处我国北方寒冷地区，全年主要受东南海洋暖湿气流与西北干寒气流影响，属寒温带大陆性季风气候，又处于大陆型高山气候区，地方小气候特征明显。全年气温较低，无霜期短，日温差较大。这样独特的气候条件使得阿尔山不仅夏秋两季生机盎然、美轮美奂，且冬日大雪纷飞之时，也有着更加壮丽的冰雪小城之美。近年来城市建设更加注重分季节多时段塑造不同的风貌景观，并引入了冰雪节、冰雕展、冰雪竞技等一系列特色活动，使得冬日的阿尔山市依然风景独特，人气兴旺，形成了具有北疆特色的“冰雪小城”。

图 16-14　阿尔山自然冰雪景观

图 16-15　“冰雪小城”阿尔山

图 16-16　阿尔山冰灯

16.2.2 文化产业景观风貌子系统——圣泉林俗

阿尔山是中国北方著名的林场，也是以温泉、滑雪、休闲、度假为主题的旅游胜地。阿尔山市文化主要包括蒙元文化、林俗文化、温泉文化、冰雪文化。独具一格的民俗文化与丰富多元的文化要素为阿尔山创造出风格多样、魅力多彩的地域文化特色。

图 16-17　阿尔山蒙元文化

图 16-18　阿尔山温泉文化建筑

图 16-19　阿尔山林俗文化

图 16-20　阿尔山冰雪文化

阿尔山不仅拥有丰富的民俗文化与自然文化，同时拥有独特的历史文化，较著名的有阿尔山市侵华日军南兴安隧道及碉堡遗址、阿尔山火车站等。其建于 1935~1945 年间，是遗存的抗战时期日军中蒙边境防线重要的历史建筑，也为阿尔山市城市建筑风貌的形成提供了多元的设计思路与实物参考。

图 16-21　阿尔山火车站

图 16-22　日式历史建筑

图 16-23　南兴安碉堡

阿尔山市优越的自然生态与丰富的资源禀赋，使其有条件发展独具特色的旅游产业，并将这些产业融入城市风貌建设与市民日常生活当中，其中著名的当属阿尔山矿泉水。阿尔山，蒙语之意“圣水”，大兴安岭深处最美丽纯净、无污染的水源圣地，位于北纬 47°，水温常年 2℃，誉为活性矿泉水。阿尔山市塑造北方矿泉小城，将天然活性矿泉水引入小城的水景建设及生活用水当中，让小城中的人看到的水、摸得到水、品得到水，达到了“水城融合”的风貌印象。

图 16-24　五里泉生态水源地

图 16-25　五里泉公园矿泉水眼

图 16-26　白狼镇生态水源地

图 16-27　水知道·阿尔山矿泉水厂

除此之外，在海拔 1200 余米的大兴安岭白狼原始林区，著名的“洮儿河”发源地，有着原始的茂密丛林，为黑木耳、黄蘑的生长发育提供了有利条件，其味道鲜美，营养价值丰富，是阿尔山家喻户晓的餐桌美食。同时，为丰富当地特色产业发展，阿尔山白狼镇还致力于养殖梅花鹿、野猪、雪兔、山鸡等野生动物品种，积极开发其下游产业，配套建设了农家乐旅游度假村等一系列集“吃、住、游、玩”为一体的城市旅游服务设施，塑造了和谐、生态、产业、宜居的“特色小城”风貌。

图 16-28　白狼镇农家乐旅游度假村

图 16-29　白狼镇养殖产业

图 16-30　白狼镇农家乐旅游度假村木屋

16.2.3 空间形态景观风貌子系统——风情小城

阿尔山的城市风貌特色极具旅游城市色彩，其城市规模较小，特色鲜明，主体形成了以温泉雪街为主的简欧风情旅游服务组团、以伊尔施为主的极具林俗风情的生活服务组团。同时，还拥有以林海街、温泉路为主的城市风貌廊道，以及包括阿尔山广场、阿尔山火车站、阿尔山机场、温泉博物馆、地质博物馆、内蒙古人民医院阿尔山分院、宜家宾馆、海神酒店等一系列以标志性建筑为主的城市风貌节点。

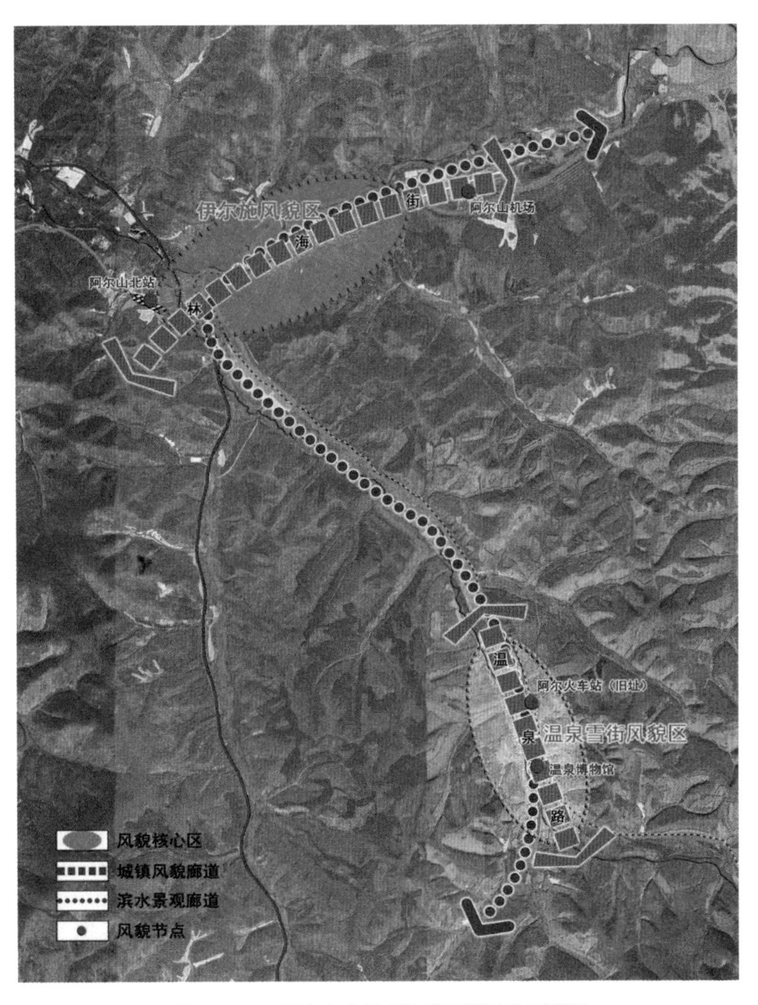

图 16-31　阿尔山市城市风貌空间结构示意图

城市天际线：以大兴安岭为背景，以哈拉哈河、阿尔善河等水系为依托，使得阿尔山市高低有序的建筑群与绿色生态背景相辉映，构成了富有韵律感的城市天际线。

图 16-32　阿尔山温泉街整体城市鸟瞰

图 16-33　温泉街中心区城市天际线

城市景观轴线：以温泉路为依托的南北纵深的简欧风情文化景观轴、以林海街为依托的东西延伸的林俗特色景观视廊。

图 16-34 温泉雪街温泉路及中心广场

图 16-35 伊尔施林海街

城市公园广场：以阿尔善河滨河公园为生态景观轴，阿尔山广场为生态景观核心，以温泉路为生态景观风貌视廊，塑造环境优美、尺度宜人的城市开放空间体系。

图 16-36 阿尔善河滨河公园

图 16-37 阿尔山广场

城市夜景亮化：近年，阿尔山市重点塑造温泉雪街组团的夜景亮化，即以温泉路、阿尔善滨河公园为轴，以阿尔山广场、海神酒店等重要节点形成现代气息、商业气氛浓郁且色彩活泼的城市夜景形象。

图 16-38 阿尔山滨河夜景

图 16-39 阿尔山城市建筑夜景

城市标志建筑：阿尔山地区丰富的森林、河流、温泉等自然资源景观造就了其特殊的具有林俗风格的传统建筑，以及具有北欧风情的新建建筑。其最具代表性的阿尔山火车站，成为当地建筑设计元素提取的首要对象。同时，为配合全域旅游发展，阿尔山市近年来重点提升城市特色风貌，建设了一批具有欧式风格、色彩鲜亮的北欧风情建筑，也成为城市建设风貌宣传的新名片。综上，总结出其建筑风格主要包括传统林俗建筑、欧式风格建筑和现代风格建筑。

传统林俗建筑：传统林俗风格建筑主要有从阿尔山火车站等历史建筑提取色彩及符号元素而建设的具有林俗风情的建筑，主要集中于伊尔施组团。

北欧风格建筑：北欧风格建筑主要包括带有典型北欧特色，如哥特风、英伦风等风格的建筑。

现代风格建筑：适应现代技术和材料而建造的造型简洁大气、形式反映功能的建筑等。

图 16-40 北欧风格建筑物

图 16-41　哥特风格建筑物

图 16-42　英伦风格建筑物 1

图 16-43　英伦风格建筑物 2

图 16-44　阿尔山机场鸟瞰

图 16-45　现代北欧风格建筑物

16.3 阿尔山市城市风貌体系和要素

16.3.1 阿尔山市城市风貌体系

阿尔山以“山、水、林、城”为核心构建了其体现城市风貌的重要山水格局。其以雄浑的大兴安岭层峦及茂密的森林为城市背景，穿城而过的哈拉哈河、阿尔善河是构建城市滨水景观带的良好基础，同时将周边自然生态景观融入城市景观体系当中，种植了品种多样、色彩丰富的花卉树种，构建出城市典雅精致的“花香小城”景观系统。

表 16-1　阿尔山市城市风貌体系

“山”	大兴安岭为城区整体环境景观的构建提供了雄浑的背景与活跃的元素
“水”	哈拉哈河、阿尔善河等环城水系是阿尔山市景观环境的特色精髓，也是营造城区生态环境的灵气所在
“林”	大兴安岭丰富的森林植被构成了阿尔山市天然的生态屏障，同时也是城市风貌自然生态背景的重要依托
“城”	阿尔山市充分利用自然山水格局，使得城市完美融入自然生态环境当中，构成“园中有城、城中有园”的魅力风情小城

阿尔山市凭借得天独厚的自然环境、因地而生的特色产业及异域风格的建筑形式，形成了独具魅力的“林海雪原”特色风情小城风貌，吸引着国内外游客源源不断的关注与驻足。

16.3.2 阿尔山市城市风貌要素

阿尔山市“山、水、林、城”的风貌体系，在操作层面则体现在具体的风貌要素上，依照自然生态、文化产业和城市建设子系统的顺序总结，包括：自然基底、人工景观、开敞空间、城市天际线、城市色彩、建筑风格、特色街区、空间格局、雕塑小品等。

16.4 结语

阿尔山市作为中国北方发展旅游业的桥头堡，受到习近平总书记及其他领导人的深切关注。在既往的城市现代化发展与快速建设过程中，也取得了令人称赞的显著成就，奠定了城市特色风貌的总体基调。

“山水环抱”：即阿尔山市所拥有良好的自然生态禀赋形成城市格局与塑造城市风貌的关键所在。城市位于山岭之间，沿水而居，碧波荡漾，鸟语花香，自然与人工的有机结合构建了城市风貌良好的环境基底。

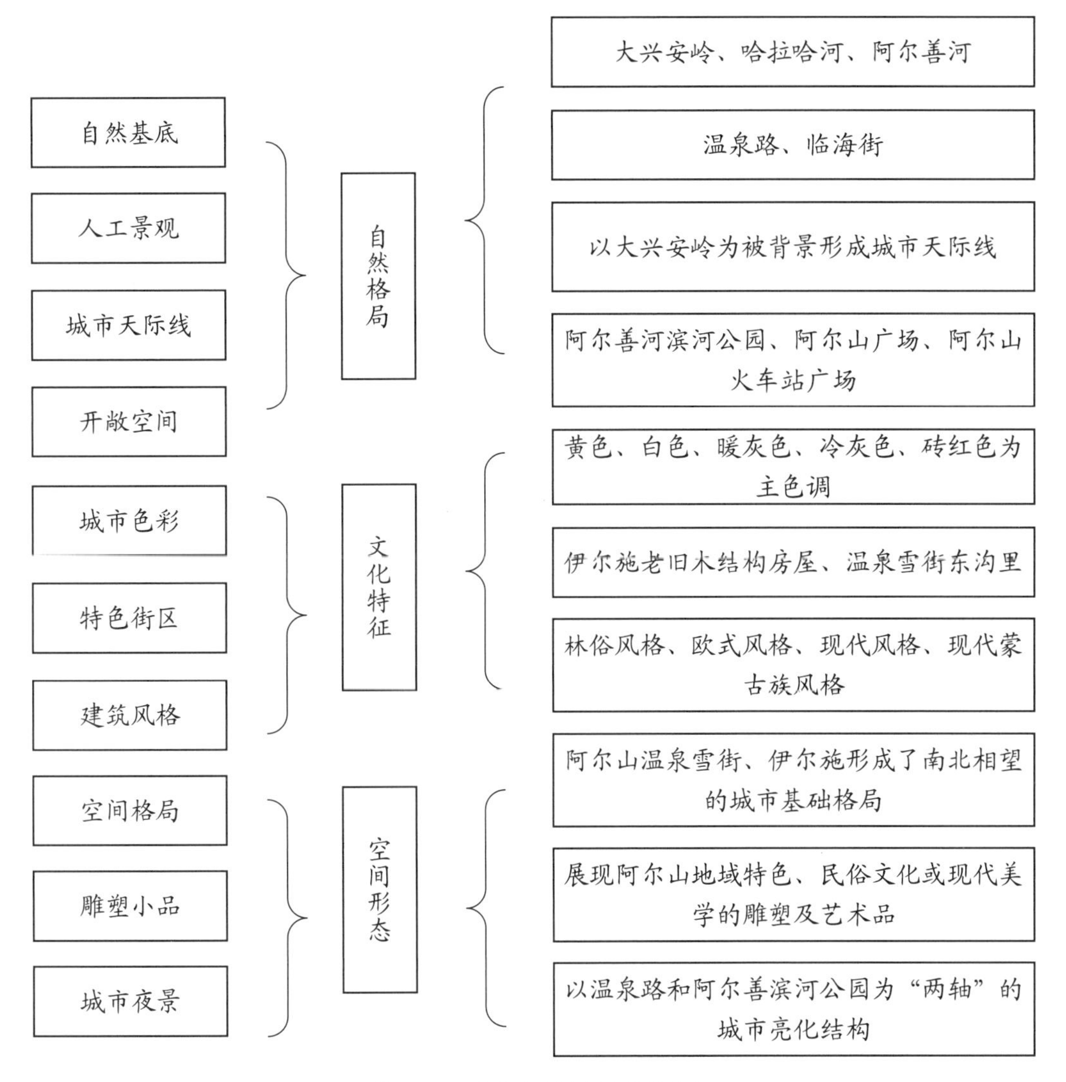

图 16-46　阿尔山市城市风貌要素图

“圣泉林俗”：即阿尔山市丰富多元的文化特质与自然资源，使得其以重点发展特色旅游产业的方式融入并带动小城市的发展建设，成为阿尔山市独具魅力的文化名片，也时刻影响着居民日常生活和城市风貌的发展变化。

“风情小城”：即经过数十年的发展建设后，阿尔山市已不再是过去大兴安岭茂密丛林中的林业工人居民点。其城市发展建设别出心裁、有条不紊，秉承塑造我国北方靓丽旅游、休闲、度假小城市的建设初衷，将原有的城市风貌与空间格局贯彻到底并发展创新，成为代表特色旅游小城市城市风貌建设的典型范例。

附录：图片、表格索引

第1章

第2章

第3章

第4章

图 4-5 额尔古纳湿地，图片来源：www.hlbe.gov.cn
图 4-6 油菜花田，图片来源：www.hlbe.gov.cn；
图 4-7 莫尔道嘎国家森林公园，图片来源：www.hlbe.gov.cn
图 4-8 额尔古纳河，图片来源：www.hlbe.gov.cn
图 4-9 呼伦湖，图片来源：www.hlbe.gov.cn
图 4-10 月亮天池，图片来源：www.hlbe.gov.cn
图 4-11 呼伦贝尔林海雪原，图片来源：www.hlbe.gov.cn
图 4-12 呼伦贝尔雾凇，图片来源：www.hlbe.gov.cn
图 4-13 呼伦贝尔不冻河，图片来源：www.hlbe.gov.cn
图 4-14 嘎仙洞遗址，图片来源：www.hlbe.gov.cn
图 4-15 哈克遗址，图片来源：www.hlbe.gov.cn
图 4-16 海拉尔要塞遗址，图片来源：项目组自摄
图 4-17 侵华日军要塞地道，图片来源：项目组自摄
图 4-18 中东铁路历史建筑，图片来源：项目组自摄
图 4-19 苏联红军烈士公园，图片来源：项目组自摄
图 4-20 甘珠尔庙，图片来源：《内蒙古藏传佛教建筑》
图 4-21 新巴尔虎西庙，图片来源：《内蒙古藏传佛教建筑》
图 4-22 巴尔虎传统婚礼，图片来源：www.nmgfeiyi.cn
图 4-23 巴尔虎舞蹈，图片来源：www.nmgfeiyi.cn
图 4-24 鄂伦春族传统“斜仁柱”建筑 1，图片来源：www.hlbe.gov.cn
图 4-25 鄂伦春族现代“斜仁柱”建筑 2，图片来源：内蒙古城乡巨变展览
图 4-26 俄罗斯族传统“木刻楞”，图片来源：项目组自摄
图4-27 现代“木刻楞”建筑，图片来源：项目组自摄图4-28 呼伦贝尔冰雪那达慕 1，图片来源：www.hlbe.gov.cn
图 4-29 呼伦贝尔冰雪那达慕 2，图片来源：www.hlbe.gov.cn
图 4-30 呼伦贝尔冰雪那达慕 3，图片来源：www.hlbe.gov.cn
图 4-31 呼伦贝尔古城城门，图片来源：项目组自摄
图 4-32 呼伦贝尔古城商业街，图片来源：项目组自摄
图 4-33 呼伦贝尔市 20 世纪四版总规（1920、1961、1980、1996 年），图片来源：项目组拍摄于呼伦贝尔规划展览馆
图 4-34 “三角地”原貌，图片来源：内蒙古城乡巨变展览
图 4-35 中央路旧貌，图片来源：内蒙古城乡巨变展览
图 4-36 盟公署旧貌，图片来源：内蒙古城乡巨变展览
图 4-37 市域城镇空间结构规划图，图片来源：呼伦贝尔市城市总体规划（2012-2030）
图 4-38 城市风貌空间结构示意图，图片来源：项目组自绘
图 4-39 两河圣山景区，图片来源：项目组自摄
图 4-40 沿河天际线，图片来源：内蒙古城乡巨变展览，摄影，张有
图4-41 中心城区天际线，图片来源：内蒙古城乡巨变展览，摄影：张有
图 4-42 中央街，图片来源：项目组自摄
图 4-43 胜利大街，图片来源：项目组自摄
图 4-44 海拉尔河，图片来源：项目组自摄
图 4-45 伊敏河，图片来源：项目组自摄
图 4-46 河边绿地，图片来源：项目组自摄
图 4-47 成吉思汗广场，图片来源：项目组自摄
图 4-48 成吉思汗广场绿地，图片来源：项目组自摄
图 4-49 呼伦贝尔城仿古历史文化街区 1，图片来源：项目组自摄
图 4-50 呼伦贝尔城仿古历史文化街区 2，图片来源：项目组自摄
图 4-51 呼伦贝尔市夜景，图片来源内蒙古城乡巨变展览，呼伦贝尔市城建档案馆提供
图 4-52 草原天堂雕塑，图片来源：项目组自摄
图 4-53 苏炳文将军雕塑，图片来源：项目组自摄
图 4-54 旧行政公署，图片来源：项目组自摄
图 4-55 中东铁路百年站舍，图片来源：项目组自摄
图 4-56 鄂温克宾馆，图片来源：项目组自摄
图 4-57 火车站，图片来源：项目组自摄
图 4-58 规划展览馆，图片来源：项目组自摄
图 4-59 美术馆，图片来源：项目组自摄
图 4-60 一湖四馆，图片来源：项目组自摄
图 4-61 呼伦贝尔市某宾馆，图片来源：项目组自摄
图 4-62 鄂温克博物馆，图片来源：项目组自摄
表 4-1 呼伦贝尔市城市风貌体系，表格来源：项目组自绘
图 4-63 呼伦贝尔市城市风貌要素图，表格来源：项目组自绘

第 5 章

图 5-1 雪中的成吉思汗庙，图片来源：兴安盟住房和城乡建设局
图 5-2 兴安盟区位示意图，图片来源：项目组绘制
图 5-3 乌兰浩特市行政新区鸟瞰图，图片来源：兴安盟住房和城乡建设局，摄影：王洪伟
图 5-4 大兴安岭林区，图片来源：www.xaly.gov.cn
图 5-5 科右中旗草原牧区，图片来源：www.xaly.gov.cn
图 5-6 扎赉特旗半农半牧区，图片来源：www.xaly.gov.cn
图 5-7 归流河，图片来源：www.xaly.gov.cn
图 5-8 洮儿河，图片来源：www.xaly.gov.cn
图 5-9 阿尔山森林公园，图片来源：www.xaly.gov.cn
图 5-10 阿尔山地质公园，图片来源：www.xaly.gov.cn
图 5-11 特尔美峰，图片来源：www.xaly.gov.cn
图 5-12 科尔沁国家自然保护区，图片来源：www.xaly.gov.cn
图 5-13 图牧吉国家自然保护区，图片来源：内 www.xaly.gov.cn
图 5-14 五角枫林，图片来源：www.xaly.gov.cn
图 5-15 科尔沁蒙古族安代舞，图片来源：www.kyzq.gov.cn

第 6 章

第 7 章

第 8 章

第 9 章

第 10 章

变展览，摄影：杨亚夫
图 10-35 康巴什城市轮廓线，图片来源：内蒙古城乡巨变展览，摄影：赵一
图 10-36 鄂尔多斯大剧院，图片来源：项目组自摄
图 10-37 博物馆，图片来源：项目组自摄
图 10-38 文化中心，图片来源：项目组自摄
图 10-39 清真寺，图片来源：项目组自摄
图 10-40 伊旗影剧院，图片来源：项目组自摄
图 10-41 体育中心，图片来源：内蒙古城乡巨变展览，摄影：张正国
表 10-1 鄂尔多斯市风貌体系，表格来源：项目组绘制
图 10-42 鄂尔多斯市城市风貌要素图，图片来源：项目组绘制

第 11 章

图 11-1 湿地公园夜景，图片来源：内蒙古城乡巨变展览，摄影：史学军
图 11-2 巴彦淖尔市区位示意图，图片来源：项目组绘制
图 11-3 巴彦淖尔市城市鸟瞰，图片来源：内蒙古城乡巨变展览
图 11-4 阴山山脉，图片来源：内蒙古城乡巨变展览
图 11-5 黄河故道，图片来源：内蒙古城乡巨变展览
图 11-6 河套平原，图片来源：内蒙古城乡巨变展览
图 11-7 乌拉特草原，图片来源：内蒙古城乡巨变展览
图 11-8 乌梁素海，图片来源：内蒙古城乡巨变展览
图 11-9 黄河湿地公园，图片来源：内蒙古城乡巨变展览
图 11-10 小佘太秦长城，图片来源：内蒙古城乡巨变展览
图 11-11 鸡鹿塞，图片来源：内蒙古城乡巨变展览
图 11-12 阴山岩刻，图片来源：内蒙古城乡巨变展览
图 11-13 朔方郡临戎古城遗址，图片来源：内蒙古城乡巨变展览
图 11-14 新忽热古城址，图片来源：内蒙古城乡巨变展览
图 11-15 阿贵庙，图片来源：内蒙古城乡巨变展览
图 11-16 希热庙，图片来源：内蒙古城乡巨变展览
图 11-17 甘露寺，图片来源：内蒙古城乡巨变展览
图 11-18 点不斯格庙，图片来源：《内蒙古藏传佛教建筑》
图 11-19 善岱古庙，图片来源：《内蒙古藏传佛教建筑》
图 11-20 河套文化艺术节，图片来源：www.byne.gov.cn
图 11-21 五原葵花雕塑，图片来源：www.byne.gov.cn
图 11-22 巴彦淖尔城镇体系空间布局结构示意图，图片来源：巴彦淖尔市城市总体规划（2011-2030）
图 11-23 巴彦淖尔市中心城区空间结构演变图，图片来源：巴彦淖尔市城市总体规划（2011-2030）
图 11-24 20 世界 90 年代的临河城区，图片来源：内蒙古城乡巨变展览，摄影：史学军
图 11-25 总干渠旧貌，图片来源：内蒙古城乡巨变展览，摄影：史学军
图 11-26 临河城市新貌，图片来源：内蒙古城乡巨变展览
图 11-27 临河住宅区新貌，图片来源：内蒙古城乡巨变展览，摄影：高晓龙
图 11-28 巴彦淖尔市中心城区城市风貌空间结构示意图，图片来源：巴彦淖尔市城市总体规划（2011-2030）
图 11-29 永济渠，图片来源：内蒙古城乡巨变展览，摄影：高晓龙
图 11-30 金川河，图片来源：内蒙古城乡巨变展览
图 11-31 总干渠，图片来源：内蒙古城乡巨变展览，摄影：高晓龙
图 11-32 河套公园万丰湖，图片来源：内蒙古城乡巨变展览
图 11-33 镜湖，图片来源：内蒙古城乡巨变展览
图 11-34 城市沿河天际线，图片来源：内蒙古城乡巨变展览
图 11-35 新区城市天际线，图片来源：项目组自摄
图 11-36 城市居住区天际线，图片来源：内蒙古城乡巨变展览
图 11-37 干渠景观廊道，图片来源：内蒙古城乡巨变展览
图 11-38 永济渠景观廊道，图片来源：内蒙古城乡巨变展览
图 11-39 总干渠景观廊道，图片来源：内蒙古城乡巨变展览
图 11-40 人民广场，图片来源：项目组自摄
图 11-41 星月广场，图片来源：内蒙古城乡巨变展览
图 11-42 河套公园，图片来源：内蒙古城乡巨变展览
图 11-43 人民公园，图片来源：内蒙古城乡巨变展览
图 11-44 足球公园，图片来源：内蒙古城乡巨变展览
图 11-45 黄河湿地公园，图片来源：内蒙古城乡巨变展览
图 11-46 干渠夜景，图片来源：内蒙古城乡巨变展览
图 11-47 城市夜景，图片来源：内蒙古城乡巨变展览
图 11-48 乌拉特部落变迁雕塑，图片来源：项目组自摄
图 11-49 黄河女神雕塑，图片来源：内蒙古城乡巨变展览
图 11-50 农业劳动雕塑，图片来源：内蒙古城乡巨变展览
图 11-51 水车小品，图片来源：内蒙古城乡巨变展览
图 11-52 中国观赏石之城，图片来源：内蒙古城乡巨变展览
图 11-53 乌拉特蒙古风情街，图片来源：项目组自摄
图 11-54 河套文化街，图片来源：项目组自摄
图 11-55 河套文化博物馆，图片来源：内蒙古城乡巨变展览
图 11-56 巴彦淖尔地矿大厦，图片来源：内蒙古城乡巨变展览
图 11-57 巴彦淖尔气象大楼，图片来源：项目组自摄
图 11-58 岩画博物馆，图片来源：项目组自摄
图 11-59 黄河水利博物馆，图片来源：内蒙古城乡巨变展览
表 11-1 巴彦淖尔市城市风貌体系，表格来源：项目组绘制
图 11-60 巴彦淖尔市城市风貌要素，图片来源：项目组绘制

第 12 章

图 12-1 从黄河对岸远眺乌海，图片来源：内蒙古城乡巨

第 13 章

图 13-21 福因寺（北寺），图片来源：项目组自摄
图 13-22 黑城清真寺，图片来源：项目组自摄
图 13-23 营盘山顶敖包群，图片来源：内蒙古城乡巨变展览，摄影：李平
图 13-24 20 世纪 70 年代巴彦浩特镇全景，图片来源：内蒙古城乡巨变展览，摄影：姜学云
图 13-25 20 世纪 50 年代定远营王府一角，图片来源：阿拉善盟规划展览馆
图 13-26 巴彦浩特镇城市空间结构演变示意（1940-2004），图片来源：阿拉善盟规划展览馆
图 13-27 清朝时期的定远营城市格局，图片来源：阿拉善盟规划展览馆
图 13-28 明清风格民宅建筑群，图片来源：项目组自摄
图 13-29 东关清真寺，图片来源：项目组自摄
图 13-30 20 世纪 90 年代中期额鲁特大街，图片来源：阿拉善盟规划展览馆，摄影：孙伏生
图 13-31 20 世纪 90 年代中后期新华街，图片来源：阿拉善盟规划展览馆，摄影：孙伏生
图 13-32 巴彦浩特镇东部行政新区，图片来源：阿拉善盟规划展览馆
图 13-33 巴彦浩特镇城镇风貌空间结构示意图，图片来源：项目组根据《巴彦浩特镇城市总体规划（2015-2030）》绘制
图 13-34 巴彦浩特生态公园全景天际线，图片来源：内蒙古城乡巨变展览
图 13-35 巴彦浩特镇城市鸟瞰，图片来源：内蒙古城乡巨变展览
图 13-36 额鲁特大街，图片来源：阿拉善盟规划展览馆
图 13-37 腾飞大道，图片来源：阿拉善盟规划展览馆
图 13-38 土尔扈特路，图片来源：阿拉善盟规划展览馆
图 13-39 安德街，图片来源：内蒙古城乡巨变展览
图 13-40 营盘山生态园，图片来源：阿拉善盟规划展览馆
图 13-41 巴音绿心，图片来源：阿拉善盟规划展览馆，摄影：乌日娜
图 13-42 丁香生态园，图片来源：阿拉善盟规划展览馆
图 13-43 敖包生态园，图片来源：阿拉善盟规划展览馆，摄影，旭日
图 13-44 巴彦浩特镇夜景，图片来源：阿拉善盟规划展览馆、内蒙古城乡巨变展览，摄影：张利民、闫晗
图 13-45 巴彦浩特镇艺术空间，图片来源：阿拉善盟规划展览馆、内蒙古城乡巨变展览，摄影：张利民、闫晗
图 13-46 定远营城门，图片来源：阿拉善盟规划展览馆，摄影：闫晗
图 13-47 定远营古民宅，图片来源：项目组自摄
图 13-48 王爷府中西结合式建筑，图片来源：项目组自摄
图 13-49 甘宁风格民居，图片来源：项目组自摄
图 13-50 王陵公园门楼，图片来源：项目组自摄
图 13-51 阿拉善军分区，图片来源：项目组自摄
图 13-52 阿拉善大酒店，图片来源：内蒙古城乡巨变展览
图 13-53 盟行署办公楼，图片来源：项目组自摄
图 13-54 体育场，图片来源：项目组自摄
图 13-55 体育馆，图片来源：内蒙古城乡巨变展览
图 13-56 大漠奇石博物馆，图片来源：内蒙古城乡巨变展览
图 13-57 左旗图书馆，图片来源：项目组自摄
图 13-58 大漠胡杨音乐厅，图片来源：阿拉善盟规划展览馆
图 13-59 阿拉善盟博物馆，图片来源：内蒙古城乡巨变展览
图 13-60 天盛商城，图片来源：项目组自摄
图 13-61 蒙古族移民新村，图片来源：项目组自摄
表 13-1 阿拉善盟城市风貌体系，表格来源：项目组绘制
图 13-62 阿拉善盟风貌要素图，图片来源：项目组绘制

第 14 章

图 14-1 满洲里城市夜景，图片来源 内蒙古城乡巨变展览，摄影：郑伟
图 14-2 满洲里市区位示意图，图片来源：项目组绘制
图 14-3 套娃广场建筑，图片来源：内蒙古城乡巨变展览
图 14 4 呼伦湖，图片来源：项日组白摄
图 14-5 二卡湿地自然保护区，图片来源：项目组自摄
图 14-6 市内的北湖，图片来源：内蒙古城乡巨变展览，摄影：郑伟
图 14-7 20 世纪 30 年代的满洲里，图片来源：内蒙古城乡巨变展览
图 14-8 旧水塔，图片来源：内蒙古城乡巨变展览
图 14-9 满洲里现状鸟瞰，图片来源 内蒙古城乡巨变展览，摄影：郑伟
图 14-10 中东铁路历史街区，图片来源：内蒙古城乡巨变展览
图 14-11 扎赉诺尔博物馆，图片来源：项目组自摄
图 14-12 满洲里红色展览馆，图片来源：项目组自摄
图 14-13 满洲里国门，图片来源：项目组自摄
图 14-14 满洲里国门景区，图片来源：项目组自摄
图 14-15 繁忙的铁路运输，图片来源：内蒙古城乡巨变展览，摄影：李明
图 14-16 套娃广场景区，图片来源：内蒙古城乡巨变展览
图 14-17 猛犸旅游公园，图片来源：项目组自摄
图 14-18 中俄蒙国际选美大赛，图片来源：www.manzhouli.gov.cn
图 14-19 中俄蒙国际冰雪节，图片来源：www.manzhouli.gov.cn
图 14-20 满洲里城市风貌空间结构示意图，图片来源：满洲里市城市总体规划（2014-2030）
图 14-21 城市天际线，图片来源：满洲里市规划局
图 14-22 铁路沿线城市天际线，图片来源：内蒙古城乡巨变展览
图 14-23 北湖高层建筑群轮廓线，图片来源：项目组自摄
图 14-24 满洲里东西景观轴线，图片来源：满洲里市规划局
图 14-25 满洲里南北景观轴线，图片来源：内蒙古城乡巨变展览，摄影：王化勇
图 14-26 满洲里北湖公园，图片来源：项目组自摄

第 15 章

第 16 章

图 16-26 白狼镇生态水源地，图片来源：项目组自摄
图 16-27 水知道·阿尔山矿泉水厂，图片来源：项目组自摄
图 16-28 白狼镇农家乐旅游度假村，图片来源：项目组自摄
图 16-29 白狼镇养殖产业，图片来源：项目组自摄
图 16-30 白狼镇农家乐旅游度假村木屋，图片来源：项目组自摄
图 16-31 阿尔山市城市风貌空间结构示意图，图片来源：项目组根据《阿尔山市城市总体规划（2012-2030）》绘制
图 16-32 阿尔山温泉街整体城市鸟瞰，图片来源：阿尔山市规划局
图 16-33 温泉街中心区城市天际线，图片来源：阿尔山市规划局
图 16-34 温泉雪街温泉路及中心广场，图片来源：阿尔山市规划局
图 16-35 伊尔施林海街，图片来源：项目组自摄
图 16-36 阿尔善河滨河公园，图片来源：项目组自摄
图 16-37 阿尔山广场，图片来源：项目组自摄
图 16-38 阿尔山滨河夜景，图片来源：项目组自摄
图 16-39 阿尔山城市建筑夜景，图片来源：项目组自摄
图 16-40 北欧风格建筑物，图片来源：项目组自摄
图 16-41 哥特风格建筑物，图片来源：项目组自摄图 16-42 英伦风格建筑物 1，图片来源：项目组自摄
图 16-43 英伦风格建筑物 2，图片来源：项目组自摄
图 16-44 阿尔山机场鸟瞰，图片来源：阿尔山市规划局
图 16-45 现代北欧风格建筑物，图片来源：项目组自摄
表 16-1 阿尔山市城市风貌体系，表格来源：项目组绘制
图 16-46 阿尔山市城市风貌要素图，图片来源：项目组绘制

图书在版编目（CIP）数据

内蒙古城镇风貌特色研究：调查·分析 / 李冰峰，郭丽霞编．—北京：中国建筑工业出版社，2019.2
ISBN 978-7-112-23233-8

Ⅰ.①内… Ⅱ.①李… ②郭…Ⅲ.①城乡规划—研究—内蒙古 Ⅳ.①TU984.226

中国版本图书馆CIP数据核字（2019）第019616号

本书为课题“内蒙古自治区城镇风貌特色研究”现状基础资料的调查和分析，其内容是对内蒙古城镇风貌系统所包含的构成要素进行分类调研、整理、归纳、总结，它不仅为接下来的风貌规划研究提供依据，也为各地方主管部门的管理和实践提供较为全面的基础资料。适于建筑学、城市规划等相关专业从业者参考阅读。

责任编辑：杨　晓　唐　旭
责任校对：王宇枢

内蒙古城镇风貌特色研究 调查·分析
李冰峰 郭丽霞 编
*
中国建筑工业出版社出版、发行（北京海淀三里河路9号）
各地新华书店、建筑书店经销
天津图文方嘉印刷有限公司印刷
*
开本：880×1230毫米 1/16 印张：20 字数：424千字
2019年5月第一版　2019年5月第一次印刷
定价：198.00元
ISBN 978-7-112-23233-8
（33517）